普通高等教育"十三五"规划教材

环境化学实验

王志康　王雅洁　编著

北　京
冶　金　工　业　出　版　社
2023

内 容 提 要

环境化学是一门不断发展并逐渐走向成熟的现代学科，课后实验内容的补充是学好理论知识不可或缺的部分。本书在介绍环境化学实验背景知识的基础上编入了一些最新的、最前沿的研究资料，重点系统性地探讨了水环境化学、大气环境化学和土壤环境化学实验的基本原理和方法，并注意反馈当今全球所关注的环境问题和相关研究进展。

本书旨在适应高等院校环境科学、环境工程、环境生态工程与相关专业的“环境化学”实验教学需要。本书既可作为学生的实验用书，也可作为一线教学人员的实验辅导教材。

图书在版编目(CIP)数据

环境化学实验/王志康，王雅洁编著.—北京：冶金工业出版社，2018.7（2023.6重印）
普通高等教育“十三五”规划教材
ISBN 978-7-5024-7778-3

Ⅰ.①环…　Ⅱ.①王…　②王…　Ⅲ.①环境化学—化学实验—高等学校—教材　Ⅳ.①X13-33

中国版本图书馆CIP数据核字（2018）第100948号

环境化学实验

出版发行	冶金工业出版社	**电　话**	(010)64027926
地　址	北京市东城区嵩祝院北巷39号	**邮　编**	100009
网　址	www.mip1953.com	**电子信箱**	service@mip1953.com

责任编辑　于昕蕾　美术编辑　吕欣童　版式设计　禹　蕊
责任校对　卿文春　责任印制　禹　蕊
北京富资园科技发展有限公司印刷
2018年7月第1版，2023年6月第3次印刷
710mm×1000mm　1/16；11.5印张；226千字；174页
定价25.00元

投稿电话　(010)64027932　投稿信箱　tougao@cnmip.com.cn
营销中心电话　(010)64044283
冶金工业出版社天猫旗舰店　yjgycbs.tmall.com
（本书如有印装质量问题，本社营销中心负责退换）

前　言

“环境化学”是一门环境科学与工程类的专业基础课。环境化学实验的目的是深化“环境化学”课程教授的基础知识，掌握研究环境化学问题的基本方法和手段，提高实验分析能力和实验技能。本书结合“环境化学”这门课程的课程设计和教学内容，主要介绍了水、大气、土壤等环境介质的环境化学变化作用，以及环境样品中污染物的定量分析原理和方法。每一个实验主要由五部分构成：实验背景、实验目的、实验原理、实验步骤和思考与讨论。在编写的时候，在实验背景部分介绍该实验的背景，有利于和书本的理论知识加以结合，让学生在实验前更好地掌握或预习理论内容，这是本书区别于大多数环境化学实验教材的特色之一。在实验设计方面，注重了在传统的环境化学实验内容基础上，适量增加了一些当下较热门的环境问题，如富营养化，土壤污染等，并设计了相关的实验环节，有利于学生对这类环境问题的了解和掌握。

本书可作为环境科学与工程专业本科生的专业教材，也可作为生态学等其他相关专业本科生、研究生及环境科学工作者的参考用书。在编写过程中，贵州民族大学生态环境工程学院的相关教师提供了许多宝贵意见和建议，在此表示由衷的感谢。同时，本书也得到了2017年贵州省教育厅一流平台培育项目：化学与化工综合工程训练中心、2016年国家自然科学基金项目（21667011）、2017年贵州省研究生教育教学改革重点课题（JGKT2017012）、2014年贵州省教育厅省级本科教学工程项目（教学内容与课程体系改革）的资助，在此一并表示感谢！

由于时间紧迫和编者水平有限，本书难免有不妥之处，希望读者批评指正。

王志康　王雅洁

2018年2月

目　录

第一章　环境化学实验的基础知识

第一节　环境化学实验的教学目的

在当今高等教育以培养创新型人才为目标的大前提下，不单是学生的知识水平需要得到提高，更重要的是培养学生的开发创新能力和实践能力。实验教学是高等院校提高人才质量的一个重要的环节，不仅可以回顾所学的理论知识，还可以培养学生的实践能力和创新能力。

环境化学的主要研究范围是大气环境化学，水环境化学，土壤环境化学，生物体内污染物质的存在方式、运动过程及毒性，典型污染在环境各圈层中的转归与效应，有害废物及放射性固体废物等内容与知识。通过本课程的学习，学生可以了解国内外面临的环境问题，了解我国目前的污染问题和状况，较全面地了解环境化学的基本概念和基本内容，掌握常见污染物的类型和危害、监测、治理原理与方法，熟悉污染物的采样和监测技术，牢固树立环境意识。

开设“环境化学”实验课的目的主要是使学生在日常的教学过程中不但能更好掌握相关的知识点，还能通过相关的实验掌握环境化学的研究内容、特点和发展动向，深入巩固环境化学的基本原理，有机污染物、无机污染物在水、大气和土壤中迁移转化的规律，初步了解环境化学的研究方法。明确环境化学的任务和目的以及环境化学在环境科学中和解决环境问题上的地位和作用，进一步培养学生对环境化学的学习兴趣，培养学生进行举一反三的能力。

第二节　环境化学的主要研究内容和研究方向

环境化学是环境科学的一个分支学科，也是环境科学、环境工程类相关专业学生所修专业课的一门非常重要的基础课程。它主要是运用化学的理论和方法研究环境问题，主要的研究对象为大气圈、水圈、生物圈和土壤-岩石圈。鉴定和测量化学污染物在大气圈、水圈、生物圈和土壤-岩石圈中的浓度，研究它们在环境中存在形态及其迁移、转化和归宿的规律。

随着人类历史的发展，经历了几次工业革命以后，化学及相关学科有了很大的发展。环境化学是在无机化学、有机化学、分析化学、物理化学、化学工程学的基础上形成的。人们对于水化学、大气化学、土壤化学等早就开始研究，但主要是围绕着资源的开发和利用进行的，很少注意环境污染问题。后来，人们大量使用煤作燃料，底层大气中的二氧化硫（SO_2）、一氧化碳（CO）、一氧化氮（NO）、二氧化氮（NO_2）以及颗粒物等含量不断增加，以至于接连发生由煤烟引起的烟雾污染事件。第二次世界大战后，又大量使用石油作燃料，出现了光化学烟雾污染问题，从而使人们对大气的化学研究从还原性烟雾的研究发展到氧化性烟雾的研究，包括对臭氧（O_3）、过氧乙酰硝酸酯（PAN）、烃类、醛类、酮类铅尘、酸雾的分布状况、生成机理和化学反应动力学的研究。

20世纪，随着量子力学的发展，核技术被人们所逐渐认知，从此人类打开了核化学、核物理的“潘多拉魔盒”，核爆炸把放射性尘埃抛射至平流层，造成全球性放射性污染；飞机在平流层飞行，排出大量的氮氧化物（NO_x）等，对臭氧层有破坏作用，又使大气的化学研究的范围从对流层扩展到平流层。随着城市的扩大和工业的发展，大量的生活污水和工业废水排入水体。进入水体的化学物质，或者通过饮水，或者通过食物链危害人体健康，促使人们对水体的化学研究从生化耗氧、自然净化、卫生学等方面的研究发展到水的环境毒理学、水生生态平衡等方面的研究。进入水体的化学物质即使数量很少，通过生物富集，最终也会危害人类。因此，化学物质的量的研究，从常量发展到微量和痕量；对人体健康影响的研究，从常量的急性中毒转向微量的慢性中毒。化学肥料和农药的施用，以及工业和生活废弃物进入土壤，造成农药、重金属和其他化学物质在土壤中的积累，并进入农作物中。例如，在20世纪50年代发生的世界十大环境公害问题之一的日本的“痛痛病”事件，主要就是用含镉的矿山废水灌溉农田的结果；农药稻瘟醇进入稻秆在堆肥中分解为四氯苯甲酸，含有这种物质的肥料就可引起秧苗畸形。因此，人们对土壤的化学研究也从研究土壤中化学物质的分布、积累、迁移、转化等方面的宏观研究，逐渐发展到作用机理方面的研究，如从细胞水平研究其毒性影响，以及致畸致突变、致癌作用的机理等方面的微观研究上。

在此基础上，尤其是20世纪60年代以后，对化学物质在大气、水体、土壤等自然环境中引起的化学现象的研究，发展迅速，一些原来不受重视的化学问题，从保护自然生态和人体健康的角度出发，成为重要的、急待解决的问题。为了探讨这些问题，逐渐发展了新的研究方法和手段，提出了新的观点和理论，形成一门新的化学分支学科——环境化学。

另外，环境化学与环境科学的其他分支有着密切联系，因而它也是环境科学的一个组成部分。环境中的化学污染物一般情况下是人工合成的和环境中原本有的天然污染物共存。而且，各种污染物在环境中可以发生化学反应或物理变化，即使是一种化学污染物，所含的元素也有不同的化合价和化合态的变化。这就决定了环境化学所研究的对象是一个多组分、多介质的复杂体系。化学污染物在环境中的含量是很低的，一般只有百万分之几或十亿分之几的水平，但是分布范围广大，且处于很快的迁移或转化之中。为了求得这些化学污染物在环境中的含量和污染程度，不仅要对污染物进行定性和定量的检测，而且还要对其毒性和影响作出鉴定。这就决定了环境化学的分析技术和方法具有一些新的特点，如要求对污染物进行灵敏、准确、连续、自动的分析等。

环境化学研究化学污染物在环境中的迁移、转化和归宿，特别是污染物在环境中的积累、相互作用和生物效应等问题，包括化学污染物致畸、致突变、致癌的生化机理，化学物质的结构与毒性之间的相关性，多种污染物毒性的协同作用和拮抗作用的化学机理，以及化学污染物在食物链传递中的生化过程等问题，需要应用化学、生物学医学和地学等许多学科的基础理论和方法来进行交叉研究，从而推动了环境化学和这些学科互相渗透，互相促进。因此环境化学具有跨学科的特点。

目前环境化学的基础理论尚处于发展过程中，环境化学的研究领域主要有：研究化学污染物在环境中的变化，包括迁移、转化过程中的化学行为、反应机理、积累和归宿等方面的规律。化学污染物质在大气、水体、土壤中迁移，并伴随着发生一系列化学的、物理的变化，形成了大气污染化学、水污染化学、土壤污染化学和污染生态化学。在环境这个开放体系中，参与反应的物质品种多，含量低，反应复杂，影响因素很多，促进反应的光能和热能又难以准确模拟。因此必须发展新的技术和理论来进行研究。如近年来运用系统分析方法，研究多元和多介质体系中污染物迁移和转化反应机理，就为进行环境污染的预测、预报，以及环境质量评价等提供了科学的依据。

环境化学分析是获得环境污染各种数据的主要手段。要得知化学物质在环境中的本底水平和污染现状，必须应用化学分析技术。环境中污染物种类繁多，而且含量极低，相互作用后的情况则更为复杂，因此要求采取灵敏度高、准确度高、重现性好和选择性也好的手段。环境化学分析不仅对环境中的污染物要做定性和定量的检测，还对它们的毒性，尤其是长期低浓度效应进行鉴定；这就要应用各种专门设计的精密仪器，结合各种物理和生物的手段进行快速、可靠的分析。为了掌握区域环境的实时污染状况及其动态变化，还必须应用自动连续监测和卫星遥感等新技术。由于环境分析和监测的需要，必须在采样方法、样品保存方面，在信息传递、数据统计和处理方面，在分析方法和技术方面进行革新；必须在分析方法、样品、仪器设备方面实行规范化、标准化。

此外，污染物的生物效应是当前环境化学研究领域里十分活跃的研究课题，它综合运用化学、生物、医学三方面的理论和方法，研究化学污染物造成的生物效应，如致畸、致突变、致癌的生物化学机理，化学物质的结构与毒性的相关性，多种污染物毒性的协同和拮抗作用的化学机理，污染物食物链作用的生物化学过程等。随着分析技术和分子生物学的发展，环境污染的生物化学研究取得很大进展，并与环境生物学、环境医学相互交叉渗透，成为当前生命科学的一个重要组成部分。

环境化学研究的内容主要有：

（1）运用现代科学技术对化学物质在环境中的发生、分布、理化性质、存在状态（或形态）及其滞留与迁移过程中的变化等进行化学表征，阐明化学物质的化学特性与环境效应的关系。

（2）运用化学动态学（chemical dynamics）、化学动力学（chemical kinetics）和化学热力学（chemical thermodynamics）等原理研究化学物质在环境中（包括界面上）的化学反应、转化过程以及消除的途径，阐明化学物质的反应机制及“源”与“汇”的关系。

（3）研究用化学的原理与技术控制污染源，减少污染排放，进行污染预防；“三废”综合利用，合理使用资源，实现清洁生产；促进经济建设与环境保护持续地协调发展。根据环境介质的不同，环境化学可划分为大气、水和土壤的环境化学等，现分别称之为大气环境化学、水环境化学和土壤环境化学。从研究内容可分为环境分析化学、环境污染化学和污染控制化学等。

环境化学的兴起和发展，为人类保护、改善环境提供了化学方面的依据。一些研究课题日益受到人们的重视。如：大气平流层中臭氧层破坏的过程和速度，以及由此而造成的影响；农药、硫酸烟雾在大气中的反应动力学及其变化过程；酸雨的形成和危害；大气中二氧化碳的积累及其温室效应；致畸、致突变和致癌物质的筛选，以及污染物的致畸、致突变、致癌性与其化学结构间的关系；有毒物质毒性产生的机理，拮抗和协同作用的机理，及其与化学结构的关系；新的污染物的发现和鉴定；分析方法的探讨和分析技术的改进；卫星监测系统和光学遥感系统的研制等。

造成环境污染的因素可分为物理的、化学的及生物学的三方面，而其中化学物质引起的污染占80%~90%。环境化学即是从化学的角度出发，探讨由人类活动而引起的环境质量的变化规律及其保护和治理环境的方法原理。就其主要内容而言，环境化学除了研究环境污染物的检测方法和原理（属于环境分析化学的范围）及探讨环境污染和治理技术中的化学过程等问题外，需进一步在原子及分子水平上，用物理化学等方法研究环境中化学污染物的发生起源、迁移分布、相互反应、转化机制、状态结构的变化、污染效应和最终归宿。随着环境化学研究的深化，为环境科学的发展奠定了坚实的基础，为治理环境污染提供了重要的科学依据。

环境化学是一门实践性很强的学科，无论是实验的现象、数据处理以及相关的机理的总结，都需要借助实验来完成，所以，实验部分的完善，是学好环境化学这门课程和掌握相关原理的基础。

第三节　实验数据的基本处理

化学实验中经常使用仪器对一些物理量进行测量，从而对系统中的某些化学性质和物理性质作出定量描述，以发现事物的客观规律。但实践证明，任何测量的结果都只能是相对准确，或者说是存在某种程度上的不可靠性，这种不可靠性被称为实验误差。产生这种误差的原因，是因为测量仪器、方法、实验条件以及实验者本人不可避免地存在一定局限性。

对于不可避免的实验误差，实验者必须了解其产生的原因、性质及有关规律，从而在实验中设法控制和减小误差，并对测量的结果进行适当处理，以达到可以接受的程度。

一、准确度和误差

（一）准确度和误差的定义

准确度是指某一测定值与“真实值”接近的程度。一般以误差 E 表示：

$$E=\text{测定值}-\text{真实值} \tag{1-1}$$

当测定值大于真实值时，E 为正值，说明测定结果偏高；反之，E 为负值，说明测定结果偏低。误差越大，准确度就越差。

实际上绝对准确的实验结果是无法得到的。化学研究中所谓真实值是指由有经验的研究人员采用可靠的测定方法进行多次平行测定得到的平均值。以此作为真实值，或者以公认的手册上的数据作为真实值。

（二）绝对误差和相对误差

误差可以用绝对误差和相对误差来表示。

绝对误差表示实验测定值与真实值之差。它具有与测定值相同的量纲。如克、毫升、百分数等。例如，对于质量为 0.1000g 的某一物体，在分析天平上称得其质量为 0.1001g，则称量的绝对误差为+0.0001g。相对误差为 0.1%，计算过程如下：

$$\frac{0.1001\text{g}-0.1000\text{g}}{0.1000\text{g}}\times 100\%=0.1\% \tag{1-2}$$

只用绝对误差不能说明测量结果与真实值接近的程度。分析误差时，除了要去除绝对误差的大小外，还必须顾及量值本身的大小，这就是相对误差。

相对误差是绝对误差与真实值的商，表示误差在真实值中所占的比例，常用百分数表示。由于相对误差是比值，因此是量纲为 1 的量。例如某物的真实质量为 42.5132g，测得值为 42.5133g，则

$$\text{绝对误差}=42.5133\text{g}-42.5132\text{g}=0.0001\text{g} \tag{1-3}$$

$$\text{相对误差}=\frac{42.5133\text{g}-42.5132\text{g}}{42.5132\text{g}}\times 100\%=10^{-4}\% \qquad (1\text{-}4)$$

可见上述两种物体称量的绝对误差虽然相同，但被称物体质量不同，相对误差即误差在被测物体质量中所占份额并不相同。显然，当绝对误差相同时，被测量的量越大，相对误差越小，测量的准确度越高。

二、精密度和偏差

精密度是指在同一条件下，对同一样品平行测定而获得一组测量值相互之间彼此一致的程度。常用重复性表示同一实验人员在同一条件下所得测量结果的精密度，用再现性表示不同实验人员之间或不同实验室在各自的条件下所得测量结果的精密度。

精密度可用各类偏差来量度。偏差越小，说明测定结果的精密度越高。偏差可分为绝对偏差和相对偏差：

$$\text{绝对偏差}=\text{个别测得值}-\text{测得平均值} \qquad (1\text{-}5)$$

$$\text{相对偏差}=\text{绝对偏差}/\text{平均值}\times 100\% \qquad (1\text{-}6)$$

偏差不计正负号。

三、误差分类

按照误差产生的原因及性质，误差可分为系统误差和随机误差。

（一）系统误差

系统误差是由某些固定的原因造成的，使测量结果总是偏高或偏低。例如实验方法不够完善、仪器不够精确、试剂不够纯以及测量者个人的习惯、仪器使用的理想环境达不到要求等因素。

系统误差的特征是：

(1) 单向性，即误差的符号及大小恒定或按一定规律变化；

(2) 系统性，即在相同条件下重复测量时，误差会重复出现，因此一般系统误差可进行校正或设法予以消除。

常见的系统误差大致是：

(1) 仪器误差。所有的测量仪器都可能产生系统误差。例如移液管、滴定管、容量瓶等玻璃仪器的实际容积和标称容积不符，试剂不纯或天平失于校准（如不等臂性和灵敏度欠佳等因素），磨损或腐蚀的砝码等都会造成系统误差。在电学仪器中，如电池电压下降、接触不良造成电路电阻增加、温度对电阻和标准电池的影响等也是造成系统误差的原因。

(2) 方法误差。这是由测试方法不完善造成的。其中有化学和物理化学方面的原因，常常难以发现。因此，这是一种影响最为严重的系统误差。例如在分析化学中，某些反应速度很慢或未定量地完成，干扰离子的影响，沉淀溶解、共沉淀和后沉淀，灼烧时沉淀的分解和称量形式的吸湿性等，都会系统地导致测定结果偏高或偏低。

(3) 个人误差。这是一种由操作者本身的一些主观因素造成的误差。例如在读取仪器刻度值时，有的偏高，有的偏低，在鉴定分析中辨别滴定终点颜色时有的偏深，有的偏浅，操作计时器时有的偏快，有的偏慢。在作出这类判断时，常常容易造成单向的系统误差。

(二) 随机误差

随机误差又称偶然误差。它指同一操作者在同一条件下对同一量进行多次测定，而结果不尽相同，以一种不可预测的方式变化着的误差。它是由一些随机的偶然误差造成的，产生的直接原因往往难于发现和控制。随机误差有时正、有时负，数值有时大、有时小，因此又称不定误差。在各种测量中，随机误差总是不可避免地存在，并且不可能加以消除，它构成了测量的最终限制。

常见的随机误差如：

(1) 用内插法估计仪器最小分度以下的读数难以完全相同；

(2) 在测量过程中环境条件的改变，如压力、温度的变化，机械振动，磁场的干扰等；

(3) 仪器中的某些活动部件，如温度计、压力计中的水银。电流表电子仪器中的指针和游丝等在重复测量中出现的微小变化；

(4) 操作人员对各份试样处理时的微小差别等。

随机误差对测定结果的影响，通常服从统计规律。因此，可以采用在相同条件下多次测定同一量，再求其算术平均值的方法来克服。

(三) 过失误差

由操作者的疏忽大意，没有完全按照操作规程实验等原因造成的误差称为过失误差，这种误差使测量结果与事实明显不合，有大的偏离且无规律可循。含有过失误差的测量值不能作为一次实验值引入平均值的计算。这种过失误差，需要加强责任心，仔细工作来避免。判断是否发生过失误差必须慎重，应有充分的依据，最好重复这个实验来检查，如果经过细致实验后仍然出现这个数据，要根据已有的科学知识判断是否有新的问题，或者有新的发展。这在实践中是常有的事。

四、准确度和精密度的比较

我们已经了解到准确度和精密度是两个完全不同的概念。它们既有区别，又有联系。图 1-1 表示准确度与精密度的关系。从图中可见，没有精密度的准确度让人难以相信（图 1-1 中丁）。而精密度好并不意味着准确度高（图 1-1 中乙）。

一系列测量的算术平均值通常并不能代表所要测量的真实值，两者可能有相当大的差异。总之，准确度表示测量的正确性，而精密度则表示测量的重现性。可以认为，图 1-1 中甲的系统误差和随机误差都较小，是一组较好的测量数据；乙虽有较好的精密度，只能说明随机误差较小，但存在较大的系统误差；丙的精密度和准确度都很差，可见存在很大的随机误差和系统误差。

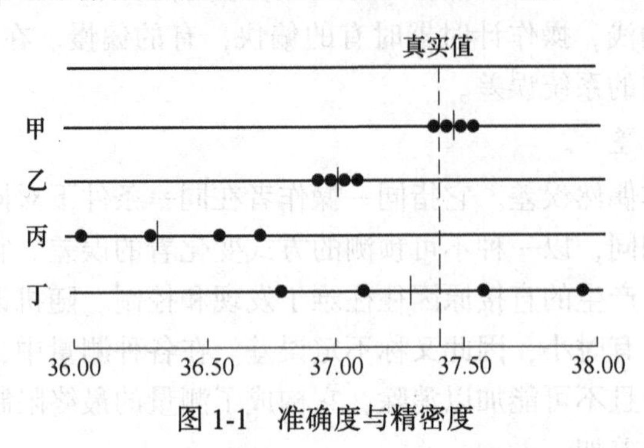

图 1-1　准确度与精密度

第四节　有效数字及其运算规则

科学实验要得到准确的结果，不仅要求正确地选用实验方法和实验仪器测定各种量的数值，而且要求正确地记录和运算。实验所获得的数值，不仅表示某个量的大小，还应反映测量这个量的准确程度。一般地，任何一种仪器标尺读数的最低一位，应该用内插法估计到两刻度线之间间距的 1/10。因此，实验中各种量应采用几位数字，运算结果应保留几位数字都是很严格的，不能随意增减和书写。实验数值表示的正确与否，直接关系到实验的最终结果以及它们是否合理。

一、有效数字

在不表示测量准确度的情况下，表示某一测量值所需要的最小位数的数字即称为有效数字。换句话说，有效数字就是实验中实际能够测出的数字，其中包括若干个准确的数字和一个（只能是最后一个）不准确的数字。

有效数字的位数取决于测量仪器的精确程度。例如用最小刻度为 1mL 的量筒测量溶液的体积为 10.5mL，其中 10 是准确的，0.5 是估计的，有效数字是 3 位。如果要用精度为 0.1mL 的滴定管来量度同一液体，读数可能是 10.52mL，其有效数字为 4 位，小数点后第二位 0.02 才是估计值。

有效数字的位数还反映了测量的误差，若某铜片在分析天平上称量得 0.5000g，表示该铜片的实际质量在（0.5000±0.0001）g 范围内，测量的相对误差为 0.02%，若记为 0.500 g，则表示该铜片的实际质量在（0.500±0.001）g 范围内，测量的相对误差为 0.2%。准确度比前者低了一个数量级。

有效数字的位数是整数部分和小数部分位数的组合，可以通过表1-1中的几个数字来说明。

表1-1　数字和有效数字位数的关系

数　字	0.0032	81.32	4.025	5.000	6.00%	7.35×10^{25}	5000
有效数字位数	2位	4位	4位	4位	3位	3位	不确定

从上面几个数中以看到，“0”在数字中可以是有效数字，但也可以不是。当“0”在数字中间或有小数的数字之后时都是有效的数字，如果“0”在数字的前面，则只起定位作用，不是有效数字。但像5000这样的数字，有效数字位数不好确定，应根据实际测定的精确程度来表示，可写成5×10^3、5.0×10^3、5.00×10^3等。

对于pH值、lg$K$等对数值的有效数字位数仅由小数点后的位数确定，整数部分只说明这个数的方次只起定位作用，不是有效数字，如pH=3.48，有效数字是2位而不是3位。

二、有效数字的运算规则

在计算一些有效数字位数不相同的数时，按有效数字运算规则计算。可节省时间，减少错误，保证数据的准确度。

（一）加减运算

加减运算结果的有效数字的位数，应以运算数字中小数点后有效数字位数最小者决定。计算时可先不管有效数字直接进行加减运算，运算结果再按数字中小数点后有效数字位数最小的作四舍五入处理，例如0.7643、25.42和2.356三数相加，则

$$0.7643+25.42+2.356=28.5403 \Rightarrow 28.54 \tag{1-7}$$

也可以先按四舍五入的原则，以小数点后面有效数字位数最少的为标准处理各数据，使小数点后有效数字位数相同，然后再计算，如上例为

$$0.76+25.42+2.36=28.54 \tag{1-8}$$

因为在25.42中精确度只到小数点后第二位，即在25.42±0.01，其余的数再精确到第三位、第四位就无意义了。

（二）乘除运算

几个数相乘或相除时所得结果的有效数字位数应与各数中有效数字位数最少者相同，跟小数点的位置或小数点后的位数无关。例如0.98与1.644相乘见图1-2。图中下划“-”的数字是不准确的，故得数应为1.6。计算时可

$$\begin{array}{r} 1.644 \\ \times\ 0.98 \\ \hline \underline{1}\,\underline{3}\,\underline{1}\,\underline{5}\,\underline{2} \\ 1\,4\,7\,9\,6 \\ \hline 1.\underline{6}\,\underline{1}\,\underline{1}\,\underline{1}\,\underline{2} \end{array}$$

图1-2　数据乘除运算的示例

以先四舍五入后计算，但在几个数连乘或除运算中，在取舍时应保留比最小位数多1位数字的数来运算，如0.98、1.644、64.4三个数字连乘应为

$$0.98\times1.64\times64.4=74.57\Rightarrow75 \tag{1-9}$$

先算后取舍为：$0.98\times1.644\times46.4=74.76\Rightarrow75$，两者结果一致，若只取最小位数的数相乘则为

$$0.98\times1.6\times46=7213\Rightarrow72 \tag{1-10}$$

这样计算结果误差扩大了。当然，如果在连乘、连除的数中被取或舍的数离“5”较远，或有的数收，有的数舍，也可取最小位数的有效数字简化后再运算，如：

$$0.121\times23.64\times1.0578=3.0257734\Rightarrow3.03 \tag{1-11}$$

简化后再运算：

$$0.121\times23.6\times1.06=2.86\times1.06=3.03 \tag{1-12}$$

（三）对数运算

在进行对数运算时，所取对数位数应与真数的有效数字位数相同。例如：

$$\lg1.35\times10^{5}=5.13 \tag{1-13}$$

第五节　实验数据的处理

化学数据的处理方法主要有列表法和作图法。

一、列表法

这是表达实验数据最常用的方法之一。将各种实验数据列入一种设计得体、形式紧凑的表格内，可起到化繁为简的作用，有利于对获得的实验结果进行相互比较，有利于分析和阐明某些实验结果的规律性。

对于设计数据表，总的原则是简单明了。作表时要注意以下几个问题：

(1) 正确地确定自变量和因变量。一般先列自变量，再列因变量，将数据一一对应地列出。不要将毫不干的数据列在一张表内。

(2) 表格应有序号和简明完备的名称，使人一目了然，一见便知其内容。如实在无法表达时，也可在表名下用不同字体作简要说明，或在表格下方用附注加以说明。

(3) 习惯上表格的横排称为“行”，竖行称为“列”，即“横行竖列”，自上而下为第1、2、…行，自左向右为第1、2、…列。变量可根据其内涵安排在

列首（表格顶端）或行首（表格左侧），称为“表头”，应包括变量名称及量的单位。凡有国际通用代号或为大多数读者熟知的，应尽量采用代号，以使表头简洁醒目，但切勿将量的名称和单位的代号相混淆。

（4）表中同一列数据的小数点对齐，数据按自变量递增或递减的次序排列，以便显示出变化规律。如果表列值是特大或特小的数时，可用科学表示法表示。

二、作图法

作图是将实验原始数据通过正确的作图方法画出合适的曲线（或直线），从而形象直观且准确地表现出实验数据的特点、相互关系和变化规律，如极大、极小和转折点等，并能够进一步求解，获得斜率、截距、外推值、内插值等。因此，作图法是一种十分有用的实验数据处理方法。

作图法也存在作图误差，若要获得良好的图解效果，首先是要获得高质量的图形。因此，作图技术的好坏直接影响实验结果的准确性。下面就作图法处理数据的一般步骤和作图技术作简要介绍。

（一）正确选择坐标轴和比例尺

作图必须在坐标纸上完成。坐标轴的选择和坐标分度比例的选择对获得一幅良好的图形十分重要，一般应注意以下几点：

（1）以自变量为横轴，因变量为纵轴，横纵坐标原点不一定从零开始，而视具体情况确定。坐标轴应注明所代表的变量的名称和单位。

（2）坐标的比例和分度应与实验测量的精度一致，并全部用有效数字表示，不能过分夸大或缩小坐标的作图精确度。

（3）坐标纸每小格所对应的数值应能迅速、方便地读出和计算。一般多采用1、2、5或10的倍数，而不采用3、6、7或9的倍数。

（4）实验数据各点应尽量分散、匀称地分布在全图，不要使数据点过分集中于某一区域，当图形为直线时，应尽可能使直线的斜率接近于1，使直线与横坐标夹角接近45°，角度过大或过小都会造成较大的误差（图1-3）。

（5）图形的长、宽的比例要适当，最高不要超过1.5，以力求表现出极大值、极小值、转折点等曲线的特殊性质。

（二）图形的绘制

在坐标纸上明显地标出各实验数据点后，应用曲线尺（或直尺）绘出平滑的曲线（或直线）。绘出的曲线或直线应尽可能接近或贯穿所有的点，并使两边点的数目和点离线的距离大致相等。这样描出的线才能较好地反映出实验测量的总体情况。若有个别点偏离太远，绘制曲线时可不予考虑。一般情况下，不许绘成折线。绘制图形的注意事项如图1-3所示。

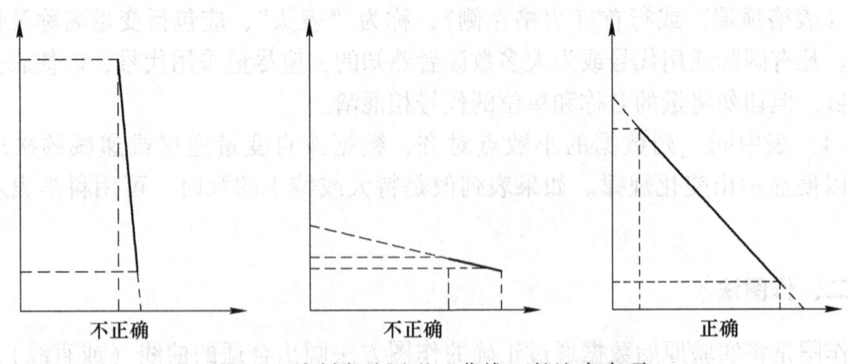

图 1-3　绘制实验图形（曲线）的注意事项

（三）求直线的斜率

由实验数据作出的直线可用方程式：$y=\kappa x+b$ 来表示。由直线上两点（x_1，y_1）、（x_2，y_2）的坐标可求出斜率：

$$\kappa=\frac{y_2-y_1}{x_2-x_1} \tag{1-14}$$

为使求得的 κ 值更准确，所选的两点距离不要太近，还要注意代入 κ 表达式的数据是两点的坐标值，κ 是两点纵横坐标差之比，而不是纵横坐标线段长度之比。

第六节　环境化学实验进行须知

（1）实验室工作必须有计划和有组织才能顺利进行。因此在开始实验前必须仔细阅读实验指导，对实验内容、工作量和工作程序有一个完整的概念。

（2）实验工作必须严格遵守操作规程，不许随便变更实验方法和步骤，以免发生危险事故。

（3）实验时要携带记录本，把一切称量和实验的结果和现象记录下来，以便检查分析的准确性，所有的分析材料无论如何不许先在单张纸上作记录。

（4）凡器材损坏或发生障碍时，应立即报告指导老师，及时修理，勿擅自拆卸。

（5）玻璃仪器使用后，必须洗刷干净，放置柜内固定位置以便下次使用。

（6）固体废弃物及用过的滤纸，不准倒入水槽，应倒入瓦缸内以免淤塞。

（7）实验时应严肃认真，保持安静，所有器材放置有条不紊，实验台面保持清洁。

（8）每次实验完毕，须轮流/及时清洁实验室，保持实验室的卫生，为下次实验做准备。

参 考 文 献

[1] 戴树桂．环境化学［M］．第二版．天津：南开大学出版社，2010.
[2] 王小燕，化学实验室工作手册［M］．上海：上海第二军医大学出版社，2016.
[3] 胡丽娟．分析化学实验中的误差分析及数据处理［J］．当代教育实践与教学研究，2016（11）：133~134.

第二章 混凝-沉淀实验

第一节 实验背景

一、混凝的定义

混凝是指通过某种方法（如投加化学药剂）使水中胶体粒子和微小悬浮物聚集的过程，是水和废水处理工艺中的一种单元操作。凝聚和絮凝总称为混凝。凝聚主要指胶体脱稳并生成微小聚集体的过程，絮凝主要指脱稳的胶体或微小悬浮物聚结成大的絮凝体的过程。消除或降低胶体颗粒稳定因素的过程叫脱稳。脱稳后的胶体，在一定的水力条件下，才能形成较大的絮凝体，俗称矾花。直径较大且较密的矾花容易下沉，自投加混凝剂直至形成矾花的过程也可以称为混凝。

混凝阶段所处理的对象，主要是水中悬浮物和胶体杂质。混凝过程的完善程度对后续处理，如沉淀、过滤影响很大，所以，它是水处理工艺中十分重要的一个环节。天然水中存在着大量的悬浮物，但是悬浮物的形态是不同的，有些大颗粒悬浮物可在自身重力作用下沉降；而另一种是胶体颗粒，是使水产生混浊的一个重要原因，胶体颗粒靠自然沉降是不能除去的。因为，水中的胶体颗粒主要是带负电的黏土颗粒，胶粒间存在着静电斥力、胶粒的布朗运动、胶粒表面的水化学作用，使胶粒具有分散稳定性，三者中以静电斥力影响最大，若向水中投加混凝剂能提供大量的正离子，能加速胶体的凝结和沉降。

压缩胶团的扩散层，使电位转变为不稳定因素，也有利于胶粒的吸附凝聚。水化膜中的水分与胶粒有固定关系，有些水化膜的存在决定双层状态。若投加混凝剂降低电位可使水化作用减弱混凝剂水解后形成的高分子物质（直接加入水中高分子物质一般具有链态结构）在胶粒与胶粒之间起着吸附架桥作用，即使电位没有降低或降低不多，胶粒不能相互接触，通过高分子链态物吸附胶粒，也能形成絮凝体。

二、混凝机理

（一）双电层压缩机理

当向溶液中投加电解质，使溶液中离子浓度增高，则扩散层的厚度将减小。当两个胶粒互相接近时，由于扩散层厚度减小，ζ(zeta) 电位降低，因此它们互相排斥的力就会减小，胶粒得以迅速凝聚（图 2-1）。

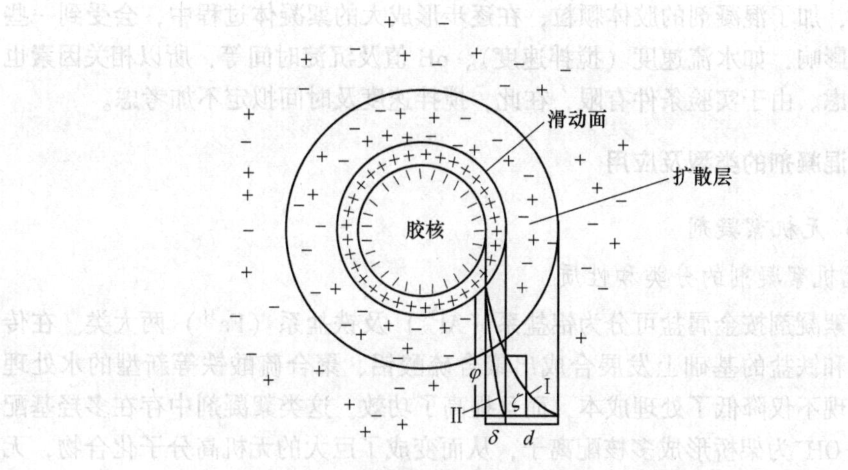

图 2-1 加入混凝剂后胶体双电层压缩的示意图

（二）吸附电中和作用机理

具体表现为胶粒表面对带异号电荷的部分有强烈的吸附作用，由于这种吸附作用中和了它的部分电荷，减少了静电斥力，因而容易与其他颗粒接近而互相吸附。

（三）吸附架桥作用原理

吸附架桥作用主要是指高分子物质与胶粒相互吸附，但胶粒与胶粒本身并不直接接触，而使胶粒凝聚为大的絮凝体。

沉淀物网捕机理：当金属盐或金属氧化物和氢氧化物作混凝剂，投加量大得足以迅速形成金属氧化物或金属碳酸盐沉淀物时，水中的胶粒可被这些沉淀物在形成时所网捕。当沉淀物带正电荷时，沉淀速度可因溶液中存在阳离子而加快。此外，水中胶粒本身可作为这些金属氢氧化物沉淀物形成的核心，所以混凝剂最佳投加量与被除去物质的浓度成反比，即胶粒越多，金属混凝剂投加量越少。

三、影响混凝的条件

混凝过程最关键的是确定最佳混凝工艺条件，因混凝剂的种类较多，所以，混凝条件也很难确定。目前的混凝剂的大致分为有机混凝剂、无机混凝剂、人工合成混凝剂（阴离子型、阳离子型、非离子型）、天然高分子混凝剂（淀粉、树胶、动物胶）等。要选择某种混凝剂的投加量，还需考虑 pH 值的影响，如 pH 值过低（小于 4）则所投的混凝剂的水解受到限制，其主要产物中没有足够的羟基（—OH）进行桥联作用，也就不容易生成高分子的絮体，絮凝作用较差；如果 pH 值较高（大于 9），它又会出现溶解生成带负电荷的配合离子而不能很好地发挥混凝体作用的情形。

另外，加了混凝剂的胶体颗粒，在逐步形成大的絮凝体过程中，会受到一些外界因素影响，如水流速度（搅拌速度）、pH 值及沉淀时间等，所以相关因素也需加以考虑。由于实验条件有限，在此，搅拌速度及时间拟定不加考虑。

四、混凝剂的类型及应用

（一）无机絮凝剂

1. 无机絮凝剂的分类和性质

无机絮凝剂按金属盐可分为铝盐系（Al^{3+}）及铁盐系（Fe^{3+}）两大类。在传统的铝盐和铁盐的基础上发展合成出聚合硫酸铝、聚合硫酸铁等新型的水处理剂，其出现不仅降低了处理成本，而且提高了功效。这类絮凝剂中存在多羟基配离子，以 OH^- 为架桥形成多核配离子，从而变成了巨大的无机高分子化合物，无机聚合物絮凝剂之所以比其他无机絮凝剂能力强、絮凝效果好，其根本原因就在于它能提供大量的如上所述的配合离子，能够强烈吸附胶体微粒，通过黏附、架桥和交联作用，从而促使胶体凝聚。同时还发生物理化学变化，中和胶体微粒及悬浮物表面的电荷，降低了Zeta 电位，使胶体粒子由原来的相斥变成相吸，破坏了胶团的稳定性，促使胶体微粒相互碰撞，从而形成絮状混凝沉淀，而且沉淀的表面积可达 $200\sim1000m^2/g$，极具吸附能力。即既有吸附脱稳作用，又可发挥黏附、桥联以及卷扫絮凝作用。

2. 改性的单阳离子无机絮凝剂

除常用的聚合氯化铝、聚合氯化铁外，还有聚活性硅胶及其改性品，如聚硅铝（铁）、聚磷铝（铁）类型。改性的目的是引入某些高电荷离子以提高电荷的中和能力，引入羟基、磷酸根等以增加配位配合能力，从而改变絮凝效果，其可能的原因是：某些阴离子或阳离子可以改变聚合物的形态结构及分布，或者是两种以上聚合物之间具有协同增效作用。

近年来国内相继研制出复合型无机絮凝剂和复合型无机高分子絮凝剂。聚硅酸絮凝剂由于制备方法简便，原料来源广泛，成本低，对油田稠油采出水的处理具有更强的除油能力，故具有极大的开发价值及广泛的应用前景。例如聚硅酸硫酸铁絮凝剂的应用，实验研究发现高度聚合的硅酸与金属离子一起可产生良好的混凝效果。将金属离子引到聚硅酸中，得到的混凝剂其平均分子质量高达 2×10^5 Da，有可能在水处理中部分取代有机合成高分子絮凝剂。聚磷氯化铁中 PO_4^{3-} 高价阴离子与 Fe^{3+} 有较强的亲和力，对 Fe^{3+} 的水解溶液有较大的影响，能够参与 Fe^{3+} 的配合反应并能在铁原子之间架桥，形成多核配合物；对水中带负电的硅藻土胶体的电中和吸附架桥作用增强，同时由于 PO_4^{3-} 的参与使矾花的体积、密度增加，絮凝效果提高。

聚磷氯化铝也是基于磷酸根对聚合铝（PAC）的强增聚作用，在聚合铝中引入适量的磷酸盐，通过磷酸根的增聚作用，使得聚磷氯化铝产生了新一类高电荷的带磷酸根的多核中间配合物。聚硅酸铁不仅能很好地处理低温低浊水，而且与硫酸铁相比絮凝效果有明显的优越性，如用量少，投料范围宽，矾花形成时间短，其形态粗大易于沉降，可缩短水样在处理系统中的停留时间等，因而提高了系统的处理能力，对处理水的 pH 值基本无影响。

3. 改性的多阳离子无机絮凝剂

聚合硫酸氯化铁铝（PAFCS）在饮用水及污水处理中，有着比明矾更好的效果；在含油废水及印染废水中 PAFCS 比 PAC 的效果均很好，且脱色能力也优；絮凝物相对密度大，絮凝速度快，易过滤，出水率高；其原料均来源于工业废渣，成本较低，适合工业水处理。铝铁共聚复合絮凝剂也属于这类产品，它的生产原料氯化铝和氯化铁均是廉价的传统无机絮凝剂，来源广，生产工艺简单，有利于开发应用。铝盐和铁盐的共聚物不同于两种盐的混合物，它更有效地综合了 PAC 和 $FeCl_3$ 的优点，增强了去浊效果。

（二）无机高分子絮凝剂

早在 1960 年，无机高分子絮凝剂就发展成为一种新型絮凝剂。近年来，它的生产和应用在全世界发展迅速。由于这类化合物与传统无机絮凝剂（如硫酸铝、氯化铁等）相比具有多方面的特色，被称为第二代无机絮凝剂。目前，无机高分子絮凝剂由一般的无机铝盐和铁盐向高分子聚合铝和聚合铁盐方向发展，聚合铝（铁）的主要形态向高电荷多核配合物方向发展，聚合铝（铁）的共存阴离子从低价向高价方向发展，复合型无机高分子絮凝剂的发展势头更是看好。由于无机高分子絮凝剂絮凝效能优异，现已成功应用在给水、工业废水以及城市污水的各种处理流程（包括前处理、中间处理和深度处理）中，逐步成为主流絮凝剂。

一般型无机高分子絮凝剂是目前使用最广泛的一种无机絮凝剂。由于 Al^{3+} 的水解产物有很好的絮凝作用，对水中杂质有强烈的吸附作用。溶液中被吸附的带正电荷的多核配离子通过压缩扩散层和降低表面电位等使微粒间的排斥力降低，相互接近，当引力达到优势时，各微粒即连接、结合在一起。这时，如果同一多核聚合物为两个以上的杂质微粒所吸附，就会在两微粒间黏结架桥，借范德华力和黏结架桥不断地结合凝聚，逐步扩大形成大絮体。

聚合硫酸铁（PAS），是我国 20 世纪 80 年代崛起的一种性能优越的无机高分子絮凝剂，它在硫酸铁分子簇的网络结构中引入羟基，以 OH^- 架桥形成多核配离子。PAS 是硫酸铁在水解-絮凝过程中的一种中间产物。在制备过程中，控制加酸量，使三价铁盐发生水解、聚合反应。液体 PAS 中含有大量的聚合阳离子，例如 $[Fe_3(OH)_4]^{5+}$、$[Fe_4O(OH)_4]^{6+}$、$[Fe_6(OH)_{12}]^{6+}$ 等，可迅速发挥电荷中和与絮凝架桥作用。与低分子絮凝剂相比，其絮凝体形成速度快，颗粒密度大，沉降速度快，对于COD和BOD以及色度、微生物等有较好的去除效果，对处理水的温度和pH值适应范围广，原料价格低廉，生产成本较低。近年研究发现，镁离子在处理废水中发挥着一定的絮凝作用，当被处理废水在较高pH值条件下，含有Mg^{2+}的聚合物有较好的絮凝性能，用于处理生产石灰废水效果良好。此外，还出现了锌盐和钛系絮凝剂。

（三）有机高分子絮凝剂

根据有机絮凝剂所带基团能否离解及离解后所带离子的电性，具体的分类介绍如下。

1. 阴离子型人工合成类有机高分子絮凝剂

目前广泛应用的有聚丙烯酰胺（PAM）和聚丙烯酸钠（PAA），其中阴离子型PAM的阴离子基团是通过酰胺基水解制得的，或通过酰胺基的反应接枝聚合上去的。PAM最早在1893年由Moureu用丙烯酰氯与氨在低温下反应制得，1954年首先在美国实现商业化生产。它是一种线型水溶性有机高分子化合物。其聚合度高达20000~90000，相应的分子质量（Mw）高达50万~1700万。聚丙烯酰胺易溶于冷水，而在有机溶剂中溶解度有限。它的分子链长，具有优良的絮凝性能。聚丙烯酸钠也是一种高效的阴离子型有机高分子絮凝剂，它是以丙烯酸钠为原料的。在水溶液中以过氧化物为引发剂，经聚合、浓缩反应而制备得到。由于具有相对高的分子质量，使其在水溶液中有很好的溶解度，且本身带电荷，可促使带有不同表面电荷的悬浮粒子凝聚；它还具有活性吸附机能，能将悬浮粒子吸附在其表面。悬浮粒子互相凝聚，形成大块絮凝团。因此，具有净化、促进沉降和有利过滤等作用。在工业给水、废水处理，特别是在氯碱工业的盐水处理上，代替聚丙烯酰胺，可显著提高碱的质量。日本关西大学利用油酸钠作为絮凝剂处理水中的微细铁离子，研究表明，增加油酸钠的浓度不仅使絮凝物质更稳定而且能增加其使用的pH值范围。

2. 阳离子型人工合成类有机高分子絮凝剂

阳离子型人工合成类有机高分子絮凝剂的制备一般通过阳离子基团与有机物改性合成获得。常用的阳离子基团有季铵盐基、吡啶鎓离子基或喹啉鎓离子基等。产品有聚二烯丙基二甲基氯化铵（PDMDAAC）、环氧氯丙烷与胺的反应产物、胺改性聚醚和聚乙烯吡啶等，其中，聚二烯丙基二甲基氯化铵是一种高效阳离子型高分子絮凝剂，它在油田污水、含油污水和除浊处理的应用中都有很好的性能，在油田污水处理中它可以克服国内常采用的碱式氯化铝或聚丙烯酰胺絮凝的弊端。如絮凝速度慢、净化效果差、加重杀菌工序负担等，因其自身的优点（去油力强，絮凝速度快），现广泛运用于油田污水处理；它对富含染料的有色污水处理也有很好效果，同时也能降低COD值。与其他阳离子絮凝剂相比，环氧氯丙烷与胺的反应产物在含氯分散相的分散体中不与氯化物起作用，从而不会降低其絮凝效果，阳离子型有机絮凝剂近年来已成为国内外的研究热点，国内由于阳离子单体生产有限，对其发展产生一定阻碍。

3. 非离子型人工合成类有机高分子絮凝剂

这类高分子絮凝剂不具有电荷，在水溶液中借质子化作用产生暂时性电荷，其凝集作用是以弱氢键结合，形成的絮体小且易遭受破坏。产品有非离子型聚丙烯酰胺和聚氧化乙烯（PEO）等。其中，PEO是由环氧乙烷在催化剂存在下经开环聚合而成的，高聚合度的PEO对水中悬浮的细小粒子具有絮凝作用，其相对分子质量越高絮凝效果越好。该化合物在用量大时表现出分散性，只有用量小时才表现出絮凝性。PEO可用于凝聚许多类型的煤的悬浮体，低至5mg/L的用量就能明显加快洗煤水的沉降速度。处理后的泥浆比较紧密，易去垢，尤其对氧化煤悬浮液絮凝更有效，不需要调pH值。在该方面它比PAM的絮凝能力强。PEO对黏土（如高岭土、蒙脱土、伊利石、活性白土）的絮凝沉降特别有效。

4. 两性型人工合成类有机高分子絮凝剂

两性型有机絮凝剂兼有阴、阳离子基团的特点，在不同介质条件下，其离子类型可能不同，适于处理带不同电荷的污染物，特别是对于污泥脱水，它不仅有电性中和、吸附架桥，而且有分子间的“缠绕”包囊作用，使处理的污泥颗粒粗大，脱水性好。同时，其适应范围广，酸性、碱性介质中均可使用，抗盐性也较好。Corpart等采用苯乙烯-丙烯酰胺共聚物，在不同条件下分别进行Hofmann反应和酰胺基的水解反应，制得相同颗粒大小、不同电荷密度、不同等电点的含羧基和胺基的乳胶共聚物。丙烯腈或腈纶废丝（PAN）-双腈双胺（DCD）类两性有机絮凝剂在国外发展迅速，其基本制备工艺是将PAN与DCD在n，n-二甲基甲酰胺溶液中，于碱性条件下反应，然后在酸性条件下水解制得。PAN-DCD类有机絮凝剂对染料废水有较好的脱色和去除COD的效果，在相关的领域中的应用也很广泛。

（四）无机、有机复合絮凝剂

由于无机、有机絮凝剂各有优点，同时也都存在着一些缺点，所以无机/有机复合絮凝剂作为污水处理中的较新手段日益受到重视，这种复合絮凝剂，对模拟废水的处理结果表明，不仅脱色率高，且絮体颗粒密实，沉淀污泥量少。在具体的应用方面，对广州某印染厂的污水处理表明，投加量430mg/L时脱色率达到92%以上，沉清后污水基本无色。张凯松等以无机铝盐和天然高分子玉米淀粉为原料，合成一种生态安全型复合高效絮凝剂HECES，对生活污水、市政污水的处理效果都高于PAC，且投加量少，铝离子残留量低。新加坡南洋技术大学利用$FeCl_3$、$Al_2(SO_4)_3$、PDDMAC制备了一种新型复合絮凝剂，在废水的预处理中对腐殖类物质有良好的去除和絮凝效果，加强了无机、有机复合混凝剂的应用。

五、混凝实验的影响因素

（一）水温的影响

水温对混凝效果有较大的影响，水温过高或过低都对混凝不利，最适宜的混凝水温为20~30℃之间。水温低时，絮凝体形成缓慢，絮凝颗粒细小，混凝效果较差，原因如下：

（1）因为无机盐混凝剂水解反应是吸热反应，水温低时，混凝剂水解缓慢，影响胶体颗粒脱稳。

（2）水温低时，水的黏度变大，胶体颗粒运动的阻力增大，影响胶体颗粒间的有效碰撞和絮凝。

（3）低水温还能导致水中胶体颗粒的布朗运动减弱，不利于已脱稳胶体颗粒的异向絮凝。水温过高时，混凝效果也会变差，主要由于水温高时混凝剂水解反应速度过快，形成的絮凝体水合作用增强、松散不易沉降；在污水处理时，产生的污泥体积大，含水量高，不易处理。

（二）pH值的影响

水的pH值对混凝效果的影响很大，主要从两方面来体现。一方面是水的pH值直接与水中胶体颗粒的表面电荷和电位有关，不同的pH值下胶体颗粒的表面电荷和电位不同，所需要的混凝剂量也不同；另一方面，水的pH值对混凝剂的水解反映有显著影响，不同混凝剂的最佳水解反映所需要的pH值范围不同，因此，水的pH值对混凝效果的影响也因混凝剂种类而异。使用聚合氯化铝的最佳混凝除浊的pH值范围在5~9之间。

（三）水体碱度的影响

由于混凝剂加入原水中后，发生水解反应，反应过程中要消耗水的碱度，特别是无机盐类混凝剂，消耗的碱度更多。当原水中碱度很低时，投入混凝剂因消耗水中的碱度而使水的pH值降低，如果水的pH值超出混凝剂最佳混凝pH值范围，将使混凝效果受到显著影响。当原水碱度低或混凝剂投加量较大时，通常需要加入一定量的碱性药剂如石灰等来提高混凝效果。

（四）水中浊质颗粒浓度的影响

水中浊质颗粒浓度对混凝效果有明显影响，浊质颗粒浓度过低时，颗粒间的碰撞概率大大减小，混凝效果变差。过高则需投加高分子絮凝剂如聚丙烯酰胺，将原水浊度降到一定程度以后再投加混凝剂进行常规处理。

（五）水中有机污染物的影响

水中有机物对胶体有保护稳定作用，即水中溶解性的有机物分子吸附在胶体颗粒表面好像形成一层有机涂层一样，将胶体颗粒保护起来，阻碍胶体颗粒之间的碰撞，阻碍混凝剂与胶体颗粒之间的脱稳凝集作用。因此，在有机物存在条件下胶体颗粒比没有有机物时更难脱稳，混凝剂量需增大。可通过投加高锰酸钾、臭氧、氯等为预氧化剂，但需考虑是否产生有毒作用的副产物。

（六）混凝剂种类与投加量的影响

由于不同种类的混凝剂其水解特性和使用的水质情况不完全相同，因此应根据原水水质情况优化选用适当的混凝剂种类。对于无机盐类混凝剂，要求形成能有效压缩双电层或产生强烈电中和作用的形态，对于有机高分子絮凝剂，则要求有适量的官能团和聚合结构，较大的分子质量。通常，水处理站使用混凝剂为聚合氯化铝，助凝剂为PAM。一般情况下，混凝效果随混凝剂投加量增高而提高，但当混凝剂的用量达到一定值后，混凝效果达到顶峰，再增加混凝剂用量则会发生再稳定现象，混凝效果反而下降。理论上最佳投加量是使混凝沉淀后的净水浊度最低，胶体滴定电荷与ζ电位值都趋于0。但由于考虑成本问题，实际生产中最佳混凝剂投加量通常兼顾净化后水质达到国家标准并使混凝剂投加量最低。

（七）混凝剂投加方式的影响

投加方式有干投和湿投两种。由于固体混凝剂与液体混凝剂甚至不同浓度的液体混凝剂之间，其中能压缩双电层或具有电中和能力的混凝剂水解形态不完全一样，因此投加到水中后产生的混凝效果也不一样。如果除投加混凝剂外还投加其他助凝剂，则各种药剂之间的投加先后顺序对混凝效果也有很大影响，必须通过模拟实验和实际生产实践确定适宜的投加方式和投加顺序。

（八）水力条件的影响

投加混凝剂后，混凝过程可分为快速混合与絮凝反应两个阶段，但在实际水处理工艺中，两个阶段是连续不可分割的，在水力条件上也要求具有连续性。由于混凝剂投加到水中后，其水解形态可能快速发生变化，通常快速混合阶段要使投入的混凝剂迅速均匀地分散到原水中，这样混凝剂能均匀地在水中水解聚合并使胶体颗粒脱稳凝集，快速混合要求有快速而剧烈的水力或机械搅拌作用，而且短时间内完成。

进入絮凝反应阶段，此时要使已脱稳的胶体颗粒通过异向絮凝和同向絮凝的方式逐渐增大成具有良好沉降性能的絮凝体。因此，絮凝反应阶段搅拌强度和水流速度应随絮凝体的增大而逐渐降低，避免已聚集的絮凝体被打碎而影响混凝沉淀效果。同时，由于絮凝反应是一个絮凝体逐渐增长的缓慢过程，如果混凝反应后需要絮凝体增长到足够大的颗粒尺寸通过沉淀去除，需要保证一定的絮凝作用时间，如果混凝反应后是采用气浮或直接过滤工艺，则反应时间可以大大缩短。

六、展望

化学絮凝剂发展迅速，能够广泛地运用去除水中胶体污染物，但是也有如下优缺点：

(1) 化学絮凝剂应用广泛，如造纸、石油、化学、冶金、金属、选矿、食品和染色等工业废水的处理。但其自身组分使处理后水体含微量有毒物质，如丙烯酰胺单体等，所以长期使用可能引起水体的二次污染。

(2) 化学絮凝剂多为阳离子有机絮凝剂、两性高分子有机絮凝剂。我国由于缺乏阳离子单体的生产，使阳离子和两性高分子有机絮凝剂的发展受到阻碍。

(3) 一般认为，化学絮凝剂通过压缩双电层、吸附电中和、吸附架桥和网捕等作用达到净化水质的目的，但它们并不能解释所有絮凝现象，一些机理的研究仍处于推断中。化学絮凝剂存在一些缺点，今后的研究会不断优化这种絮凝剂，而微生物絮凝剂有时也可成为化学絮凝剂的替代品。

今后，混凝技术的优化和进一步推广需要在以下方面加强：

(1) 吸取发达国家先进的絮凝剂生产技术，开发适合我国国情的高效、节能的新型絮凝剂；

(2) 积极推进绿色化学技术，开发和推广应用对环境影响小、安全性高的新型絮凝剂；

(3) 加强水环境管理部门在用水、治水、整水三方面的分工与合作，使絮凝剂在水处理中发挥更大功效；

(4) 加强对絮凝剂作用机理和应用性能研究，为产品应用提供更多的理论指导；

(5) 大力开发和应用综合水处理技术，结合使用化学絮凝剂和生物絮凝剂，提高絮凝剂的絮凝效率；

(6) 提高絮凝剂使用过程的智能化。利用计算机及数学模型，对水处理过程中絮凝剂的投加、工艺控制进行智能化管理，提高絮凝剂的使用效率。

第二节 实验目的

(1) 通过实验操作观察混凝现象，加深对混凝理论的理解。

(2) 通过实验选择合适的混凝剂和确定最佳混凝工艺条件。

(3) 了解影响混凝条件的相关因素，结合相关机理对实验数据进行分析。

第三节 实验仪器与试剂药品

一、实验仪器和器材

无极调速六联搅拌机（带数显，示意图如图 2-2 所示），1000mL 烧杯，200mL 烧杯，洗耳球（配合移液管移药用），1mL 移液管，5mL 移液管，10mL 移液管，1000mL 量筒，分光光度计和浊度测定仪，pH 计。

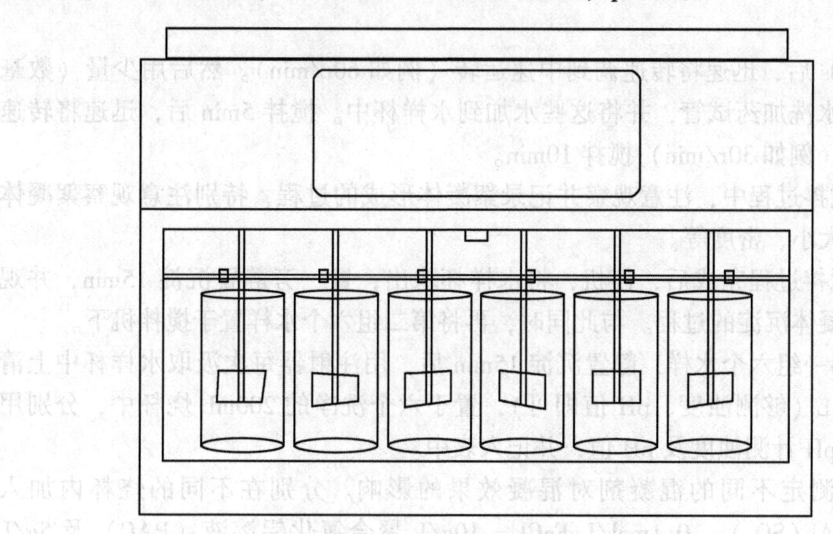

图 2-2 混凝实验六联搅拌仪示意图

二、试剂药品

预先配好的 0.1mol/L $Al_2(SO_4)_3$ 和 0.1mol/L $FeCl_3$、10g/L 聚合氯化铝溶液（PAC）及 5g/L 阳离子型聚丙烯酰胺溶液（CPAM）各 2L。

预先配置好的 1g/L 高岭土溶液和活性红 K-2BP 溶液（24mg/L）各 50L。

第四节 实 验 步 骤

（1）实验采用高岭土和活性红 K-2BP 溶液分别模拟水体中悬浮物和印染废水，分别测定初始浑浊度、吸光度及 pH 值，测平行样两次。使用已知浓度的高岭土和活性红 K-2BP 分别于浊度计和分光光度计上制作标准曲线，记录数据，得到浓度和吸光度/浊度之间的关系。

（2）用 1000mL 量筒量取水样，置于 6 个 1000mL 烧杯中。将水样置于搅拌机中。

(3) 开动机器，调整转速，中速运转数分钟，同时将计算好的投药量，用对应刻度的移液管分别移取至加药试管中（如果没有加药管，可以直接加到烧杯中），加药试管中的药液少时，可掺入蒸馏水，以减小药液残留在试管上产生的误差。

(4) 测定混凝水力条件对混凝效果的影响。具体有以下几个步骤：

1) 使搅拌机快速地运转（例如150~300r/min），不要超过搅拌机的最高允许转速，待转机稳定后，将药液加入水样的烧杯中，同时开始计时，快速搅拌30s。

2) 30s后，迅速将转速调到中速运转（例如60r/min）。然后用少量（数毫升）蒸馏水洗加药试管，并将这些水加到水样杯中。搅拌5min后，迅速将转速调至慢速（例如30r/min）搅拌10min。

3) 搅拌过程中，注意观察并记录絮凝体形成的过程，特别注意观察絮凝体的外观、大小、密度等。

4) 搅拌过程完成后，停机，将水样杯取出，置一旁静置沉淀15min，并观察记录絮凝体沉淀的过程。与此同时，再将第二组六个水样置于搅拌机下。

5) 第一组六个水样，静置沉淀15min后，用注射器每次汲取水样杯中上清液约130mL（够测浊度、pH值即可），置于六个洗净的200mL烧杯中，分别用浊度计和pH计测浊度及pH值，并记入表中。

(5) 测定不同的混凝剂对混凝效果的影响。分别在不同的烧杯内加入0.1mol/L $Al_2(SO_4)_3$、0.1mol/L $FeCl_3$、10g/L聚合氯化铝溶液（PAC）及5g/L阳离子型聚丙烯酰胺溶液（CPAM）各10mL。研究不同的混凝剂对高岭土溶液和活性红K-2BP去除的影响。在搅拌过程中观察记录絮凝体形成的过程，絮凝体的外观、大小、密度等，把实验结果记录在表中，具体的检测方法和步骤(4)中的5)部分一致。通过改变不同的混凝剂投加量观察混凝的效果。

第五节　注 意 事 项

(1) 电源电压应稳定，否则对混凝搅拌仪的操作有一定影响。如有条件，最好在电源上安装一台稳压装置（例如电子交流稳压器），以确保实验结果的稳定性。

(2) 取水样时，所取水样要搅拌均匀，要一次量取尽量减少所取水样浓度上的差别。

(3) 移取烧杯中沉淀水上清液时，要在相同的条件下取上清液，不要把沉淀下去的絮凝体搅起来。

第六节 实验记录与处理

将实验所得到的数据记录在表 2-1 中。

表 2-1 实验结果记录

原水水温________℃；浊度________；pH 值________；使用混凝剂名称和浓度________

<table>
<tr><td colspan="3">水样编号</td><td>1</td><td>2</td><td>3</td><td>4</td><td>5</td><td>6</td></tr>
<tr><td colspan="3">混凝剂加入量
/mg · L^{-1}</td><td></td><td></td><td></td><td></td><td></td><td></td></tr>
<tr><td colspan="3">絮凝体形成时间
/min</td><td></td><td></td><td></td><td></td><td></td><td></td></tr>
<tr><td colspan="3">沉淀水浊度/NTU</td><td></td><td></td><td></td><td></td><td></td><td></td></tr>
<tr><td rowspan="3">备注</td><td>1</td><td>快速搅拌
/min</td><td></td><td>转速
/r · min^{-1}</td><td></td><td>快速搅拌
/min</td><td></td><td>转速
/r · min^{-1}</td></tr>
<tr><td>2</td><td>快速搅拌
/min</td><td></td><td>转速
/r · min^{-1}</td><td></td><td>快速搅拌
/min</td><td></td><td>转速
/r · min^{-1}</td></tr>
<tr><td>3</td><td colspan="2">人工配水情况</td><td colspan="2"></td><td>其他</td><td colspan="2"></td></tr>
</table>

第七节 思考与讨论

(1) 根据实验结果以及实验中所观察到的现象，简述影响混凝的几个主要因素。

(2) 为什么最大投药量时混凝的效果不一定好？

(3) 简述不同混凝剂对实验的影响，分析不同类型混凝剂对实验的影响因素。

(4) 分析不同水力条件对实验的影响，并总结影响的原因。

参 考 文 献

[1] 王晓萌，王鑫，杨明辉，等．铝/铁/钛 3 种金属盐基混凝剂用于污泥调理的性能比较 [J/OL]. 环境科学，2018 (0)：1-13. https：//doi. org/10. 13227/j. hjkx. 201710205.

[2] 练文标，潘凤开．化学混凝沉淀处理阴离子表面活性剂废水的研究 [J]. 广东化工，2017，44 (19)：128~129.

[3] 曹志刚，魏祥甲．强化混凝应用于黑臭水体预处理的研究 [J]. 绿色科技，2017 (12)：75~77.

[4] 陆宁宁．水处理用果皮类混凝剂的研发及混凝效果 [D]. 济南：济南大学，2017.

［5］黄鑫．聚合钛盐混凝剂的研究［D］．济南：山东大学，2017.
［6］柴彬．聚合氯化铝制备条件优化与应用研究［D］．成都：西南交通大学，2017.
［7］张潇逸．工业级聚硅酸铁（PSF）制备及其絮体影响因素研究［D］．邯郸：河北工程大学，2016.
［8］董红钰．铁盐混凝剂中铁形态对混凝—超滤联用工艺的影响［D］．济南：山东大学，2015.
［9］赵艳侠．钛盐混凝剂的混凝行为、作用机制、絮体特性和污泥回用研究［D］．济南：山东大学，2014.
［10］周玉兴．粉煤灰制备聚硅酸铁铝混凝剂及其混凝絮体的仿真模拟研究［D］．济南：济南大学，2014.
［11］杨忠莲．铝盐混凝剂在给水处理中残留铝含量、组分及影响机制研究［D］．济南：山东大学，2013.
［12］黄新丽．复合混凝剂 PAC-PDMDAAC 的混凝效果及机理研究［D］．重庆：重庆大学，2012.
［13］李明．混凝去除水中的有机物［D］．长沙：湖南大学，2006.
［14］梁聪．强化混凝技术研究［D］．上海：同济大学，2006.

第三章　水体碱度和硬度的测定

第一节　实验背景

一、水体碱度

水的碱度是一般性水质分析的主要项目之一。水的碱度是指水中能够接受质子的物质的总量，其实来源是多种多样的，例如氢氧根、碳酸盐、重碳酸盐、磷酸盐、硅酸盐、亚硫酸盐和硝酸盐等，都是水中常见的碱性物质，它们都能与酸反应。另外一个主要的贡献可能来自于溶解的碱金属或碱土金属，有时候也包括其他弱酸盐如磷酸盐、硅酸盐、硼酸盐等。

具体而言，组成水中碱度的物质可以归纳为三类：

（1）强碱（如 NaOH），在溶液中全部电离生成 OH^- 离子；

（2）弱碱，如 NH_3，$C_6H_5NH_2$ 等，在水中有一部分发生反应解离出 OH^- 离子；

（3）强碱弱酸盐，如各种碳酸盐、重碳酸盐、硅酸盐、磷酸盐、硫化物和腐殖酸盐等。

从类型的分类而言，碱度又分为总碱度、酚酞碱度和苛性碱度。

总碱度（total alkalinity）是水中各种碱度成分的总和，即加酸至 HCO_3^- 和 CO_3^{2-} 转化为 CO_2。根据溶液质子平衡条件，可以得到总碱度的表达式：

$$总碱度=[HCO_3^-]+2[CO_3^{2-}]+[OH^-]-[H^+] \quad (3\text{-}1)$$

酚酞碱度（phenolphthalein end-point alkalinity）是由水中全部的氢氧根离子和一半碳酸盐含量所决定的。用酚酞为指示剂滴定终点（pH=8.3）测定碱度：

$$酚酞碱度=[CO_3^{2-}]+[OH^-]-[H_2CO_3^-]-[H^+] \quad (3\text{-}2)$$

达到 $pH_{CO_3^{2-}}$ 所需酸量时的碱度称为苛性碱度（caustic alkalinity）。苛性碱度在实验室中不能迅速地测得，因为不容易找到终点。若已知总碱度和酚酞碱度就可以用计算方法推倒求出。苛性碱度表达式为

$$苛性碱度=[OH^-]-[HCO_3^-]-2[H_2CO_3^*]-[H^+] \quad (3\text{-}3)$$

二、水体硬度

水的总硬度指水中钙、镁离子的总浓度，其中包括碳酸盐硬度（即通过加热

能以碳酸盐形式沉淀下来的钙离子、镁离子，又叫暂时硬度）和非碳酸盐硬度（即加热后不能沉淀下来的那部分钙离子、镁离子，又称永久硬度）。

（1）碳酸盐硬度。主要是由钙、镁的碳酸氢盐[$Ca(HCO_3)_2$、$Mg(HCO_3)_2$]所形成的硬度，还有少量的碳酸盐[$Ca(CO_3)_2$、$Mg(CO_3)_2$]硬度。碳酸氢盐硬度经加热之后分解成沉淀物从水中除去，故亦称为暂时硬度。

（2）非碳酸盐硬度。主要是由钙、镁的硫酸盐、氯化物和硝酸盐等盐类所形成的硬度。这类硬度不能用加热分解的方法除去，故也称为永久硬度，如$CaSO_4$、$MgSO_4$、$CaCl_2$、$MgCl_2$、$Ca(NO_3)_2$和$Mg(NO_3)_2$等。

碳酸盐硬度和非碳酸盐硬度之和称为总硬度。水中Ca^{2+}的含量称为钙硬度，水中Mg^{2+}的含量称为镁硬度。当水的总硬度小于总碱度时，它们之差，称为负硬度。

按照钙离子、镁离子的含量，可以将水中的硬度大致分为：0~75mg/L，极软水；75~150mg/L，软水；150~300mg/L，中硬水；300~450mg/L，硬水；450~700mg/L，高硬水；700~1000mg/L，超高硬水；>1000mg/L，特硬水。

硬度的表示方法尚未统一，我国使用较多的表示方法有两种：一种是将所测得的钙、镁折算成 CaO 的质量，即用每升水中含有 CaO 的质量表示，单位为mg/L；另一种以度计，即1硬度单位表示100万份水中含1份 CaO（即每升水中含10mg CaO），1°=10mg/mL CaO。

反渗透作为对水体硬度的控制的手段，已经基本应用到民用、工业领域。反渗透的核心组件是一种称作反渗透膜的人工合成材料，能够降低水中各种离子，实现硬度的降低。不过反渗透不仅仅可以降低硬度，还可以去除离子，生产“去离子水”也就是所谓纯净水。饮用纯净水已经普遍用该方法生产，该技术也被广泛推广到家用净水设备中，生产速度比蒸馏快，成本低。

三、水体碱度和硬度的区别和联系

通过水中硬度的大小与碱度的大小之比，能判别是碱性水还是非碱性水。当碱度大于硬度，即[HCO_3^-]>[$1/2Ca^{2+}$]+[$1/2Mg^{2+}$]，是碱性水。水中的钙离子、镁离子都形成碳酸氢盐，没有非碳酸盐硬度，水中还有钠离子和钾离子的碳酸氢盐，这个碳酸氢盐量称为过剩碱度，即“负硬度”。

碱度和硬度是水的重要参数，两者之间的关系有以下三种情况（表3-1）：

（1）总碱度<总硬度，此时水中有永久硬度和暂时硬度，无钠盐（负）硬度，则总硬度-总碱度=永久硬度，总碱度=暂时硬度；

（2）总碱度>总硬度，水中无永久硬度，而存在暂时硬度和钠盐硬度，则总硬度=暂时硬度总碱度-总硬度=钠盐硬度（负硬度）；

（3）总碱度=总硬度，水中没有永久硬度和钠盐硬度，只有暂时硬度，则总硬度=总碱度=暂时硬度。

当硬度大于碱度，此时水中有非碳酸盐硬度存在，是非碱性水。它们可分为钙硬水和镁硬水。钙硬水$[1/2Ca^{2+}]>[HCO_3^-]$，水中有钙的非碳酸盐硬度而没有镁的碳酸盐硬度。镁硬水$[1/2Ca^{2+}]<[HCO_3^-]$，水中有镁的碳酸盐硬度，而没有钙的非碳酸盐硬度。

表 3-1　硬度和碱度之间的关系

总碱度>总硬度	此时，永久硬度为 0
总碱度−总硬度=负硬度	此时，水呈碱性（pH>7）
总碱度=总硬度	此时，总碱度=暂时硬度
总碱度<总硬度	此时，总硬度−总碱度=永久硬度

碱度相同的水（或溶液），其 pH 值不一定相同。反之，pH 值相同的水（或溶液），其碱度也不一定相同。原因是 pH 值直接反映水中 H^+或 OH^-的含量，而碱度除包括 OH^-外，还包括 CO_3^{2-}、HCO_3^- 等碱性物质的含量。

第二节　实验目的

(1) 掌握连续滴定法判断及测定水中碱度的原理、操作技能。

(2) EDTA 标准溶液的配制和标定及掌握水体硬度的测定方法。

(3) 进一步掌握滴定终点的判断方法，并学会判断配位滴定的终点。

(4) 掌握配位滴定的基本原理、方法和计算。

(5) 掌握铬黑体 T、钙指示剂的使用条件和终点变化判断。

(6) 了解缓冲溶液的应用。

第三节　实验原理

一、碱度的测定

本实验采用连续滴定法测定水中碱度。

首先以酚酞为指示剂，用盐酸标准溶液滴定至终点时溶液的颜色由红色变为无色，用量为P(mL)。接着以甲基橙为指示剂，继续用同浓度盐酸溶液滴定至溶液由橘黄色变为橘红色，用量为 M（mL)，如果 $P>M$，则有 OH^-和 CO_3^{2-} 碱度；$P<M$则有 CO_3^{2-} 和 HCO_3^- 碱度；$P=M$ 时则只有 CO_3^{2-} 碱度；$P=0$，$M>0$，则只有 HCO_3^- 碱度。根据 HCl 标准溶液的浓度和用量（P 与 M)，求出水中的碱度。

二、硬度的测定

测定自来水的硬度，一般采用配合滴定法，用 EDTA 标准溶液滴定水中的 Ca^{2+}、Mg^{2+}及其总量，然后换算为相应的硬度单位。

用 EDTA 滴定 Ca^{2+}、Mg^{2+}总量时，一般是在 pH＝10 的碱性缓冲溶液中进行，用 EBT（铬黑 T）作指示剂。化学计量点前，Ca^{2+}、Mg^{2+}和 EBT 生成紫红色配合物，当用 EDTA 溶液滴定至化学计量点时，游离出指示剂，溶液呈现纯蓝色。

由于 EBT 与 Mg^{2+}显色灵敏度高，与 Ca^{2+}显色灵敏度低，所以当水样中 Mg^{2+}含量较低时，用 EBT 作指示剂往往得不到敏锐的终点。这时可在 EDTA 标准溶液中加入适量的 Mg^{2+}（标定前加入 Mg^{2+}对终点没有影响）或者在缓冲溶液中加入一定量 Mg^{2+}-EDTA 盐，利用置换滴定法的原理来提高终点变色的敏锐性，也可采用酸性铬蓝 K–萘酚绿 B 混合指示剂（K-B 指示剂，在 pH＝8～13 显蓝色），此时终点颜色由紫红色变为蓝绿色。

滴定时，Fe^{3+}、Al^{3+}等干扰离子，用三乙醇胺掩蔽；Cu^{2+}、Pb^{2+}、Zn^{2+}等重金属离子则可用 KCN、Na_2S 或硫基乙酸等掩蔽。

本实验以 $CaCO_3$ 的质量浓度（mg/L）表示水的硬度。我国生活饮用水规定，总硬度以 $CaCO_3$ 计，不得超过 450mg/L。

计算公式：

$$H = \frac{Cv}{V} \times 100.09 \tag{3-4}$$

式中 H——水的硬度，mg/L；

C——EDTA 的浓度，mg/L；

v——使用 EDTA 的体积，mL；

V——水样的体积，mL；

100.09——$CaCO_3$ 的摩尔质量，g/mol。

第四节 实验仪器与试剂药品

一、碱度的测定

实验仪器和器材如下：

酸式滴定管（25mL），锥形瓶（250mL），移液管（50mL），洗耳球。

试剂药品如下：

无 CO_2 蒸馏水，盐酸溶液（实验前预先配好，0.1000 mol/L），酚酞指示剂（0.1%酚酞溶液），甲基橙指示剂（0.1%的水溶液），待测碱度水样。

二、硬度的测定

实验仪器和器材如下：

酸式滴定管（50mL）。

EDTA 标准溶液（0.01mol/L）：称取 2g 乙二胺四乙酸二钠盐于 250mL 烧杯中，用水溶解稀释至 500mL。最好将溶液储存在聚乙烯塑料瓶中。

氨-氯化铵缓冲溶液（pH=10）：称取 20g NH_4Cl 固体溶解于水中，加 100mL 浓氨水，用水稀释至 1L。

铬黑 T（EBT）溶液（5g/L）。配置的过程为：称取 0.5g 铬黑 T，加入 25mL 三乙醇胺、75mL 乙醇。

三乙醇氨溶液（1+4，1 份三乙醇氨与 4 份去离子水混合）。

硫酸（1+1，1 份硫酸与 1 份去离子水混合）。

过硫酸钾：40g/L 储存于棕色瓶中。

氨水（1+2，1 份氨水与 2 份去离子水混合）。

镁溶液：1g $MgSO_4 \cdot 7H_2O$ 溶解于水中，稀释至 200mL，待用。

$CaCO_3$ 基准试剂：120℃干燥 2h。

第五节 实 验 步 骤

一、碱度的测定

（1）用移液管准确吸取 3 份水样和无 CO_2 蒸馏水各 50mL，分别放入四只 250mL 锥形瓶中，再分别向每个 250mL 锥形瓶中加入 2 滴酚酞指示剂，摇匀。

（2）若溶液呈红色，用配好并标定的盐酸溶液滴定至溶液刚好无色（可与无 CO_2 蒸馏水比较）。记录用量（P），若加酚酞指示剂后溶液无色，则不需用盐酸溶液滴定。

（3）于每个锥形瓶中加入甲基橙指示剂 3 滴，混匀。

（4）若水样变为橘黄色，继续用上述盐酸溶液滴定至刚刚变为橘红色为止（与无 CO_2 蒸馏水比较），记录用量（M）。如果加甲基橙指示剂后溶液为橘红色，则不需用盐酸溶液滴定。

二、硬度的测定

标定 EDTA 的基准物较多，本实验用纯 $CaCO_3$ 标定。$CaCO_3$ 为基准物质，准确称取 $CaCO_3$0.1005g 于烧杯中，先用少量的水润湿，盖上干净的表面皿，滴加（1+1）H_2SO_4（硫酸和水的体积比为 1∶1）10mL，加热溶解。溶解后用少量水洗表面皿及烧杯壁，冷却后，将溶液定量转移至 250mL 容量瓶中，用水稀释至刻度，摇匀。

用移液管平行移取 25.00mL 标准溶液三份分别加入 250mL 锥形瓶中，加 1 滴甲基红指示剂，用（1+2）氨水溶液调至溶液由红色变为淡黄色，加 20mL 水及 5mL Mg^{2+}溶液，再加入 pH=10 的氨性缓冲溶液由红色变为纯蓝色即为终点，计算 EDTA 溶液的准确浓度。

自来水样的分析：打开水龙头，先放数分钟，用已洗净的试剂瓶承接水样 500~1000mL，盖好瓶塞备用。

用量筒移取适量的水样（一般为 50~100mL，视水的硬度而定），加入三乙醇胺 3mL，氨性缓冲溶液 5mL，EBT 指示剂 2~3 滴，立即用 EDTA 标准溶液滴至溶液由红色变为纯蓝色即为终点。平行测试三个样，计算自来水的总硬度，以 $CaCO_3$ 表示。

第六节　数据记录与处理

按照实验结果，完成数据记录表（表 3-2）。

表 3-2　实验结果记录

锥形瓶编号		空白	1	2	3
酚酞指示剂	滴定管终读数/mL				
	滴定管始读数/mL				
	P/mL				
	平均值				
甲基橙指示剂	滴定管终读数/mL				
	滴定管始读数/mL				
	M/mL				
	平均值				

以 $CaCO_3$ 计的总硬度按下式进行计算：

$$TH = \frac{C_{EDTA} \times V \times 100.08}{V_0} \times 1000 \qquad (3\text{-}5)$$

式中　TH——总硬度，mg/L；

V_0——取样体积，mL；

V——EDTA 标准溶液消耗体积，mL；

C_{EDTA}——EDTA 的物质的量浓度，mol/L；

100.08——$CaCO_3$ 的摩尔质量，g/mol。

注意：

（1）原水中钙镁测定不用加硫酸和过硫酸钾。

（2）过硫酸钾用于消除有机磷系药剂对测定的干扰。

（3）低硬度的测定也可选择酸性铬蓝 K 作指示剂以降低干扰。

（4）重金属离子的干扰，会使指示剂封闭或拖尾，可在酸性条件下加入三乙醇胺或在碱性中加入铜试剂掩蔽而消除干扰。

（5）水样中含有 CO_3^{2-} 或 HCO_3^- 会使结果拖后，应事先加酸煮沸驱除 CO_2，再进行测定。

（6）若水样含大量高价锰时，在加入缓冲溶液和指示剂后呈灰色，可加入 5 滴 1%的盐酸羟胺将高价锰还原成为 Mn^{2+}。此时锰和 EDTA 起配合反应，所以滴定结果包括锰在内。

第七节　思考与讨论

（1）根据实验数据，判断水样中有何种碱度？

（2）为什么水样直接以甲基橙为指示剂，用盐酸标准溶液滴定至终点，所得碱度是总碱度？

（3）在滴定分析实验中，滴定管要用滴定剂，移液管要用所移取的溶液各自润洗几次？为什么？

（4）为什么滴定管的初读数每次最好调至 0. 00mL 刻度处？

参 考 文 献

[1] 杨秀莲. 甲基橙碱度测定滴定终点颜色判断探讨 [J]. 冶金动力，2014（4）：55~57.

[2] 朱明翠，朱彩霞. 混合指示剂在总碱度测定中的应用 [J]. 大家健康（学术版），2014，8（13）：49~50.

[3] 于宝杰，于宝慧，程凤梅，等. 水硬度测定实验方法改进 [J]. 长春工业大学学报（自然科学版），2004（3）：28~29.

[4] 肖玲. 水中碱度测定的研究 [J]. 化工技术与开发，2004（0）：43~44.

[5] 宋树成. 地下水中碱度测定方法的商榷 [C]//. 中国水利技术信息中心. 地下水开发利用与污染防治技术专刊. 中国水利技术信息中心：中国水利技术信息中心，2009：5.

[6] Aivazov B V，Alyamkin Yu N，Gazizov R T，et al. Determination of the relative basicity of chlorine-containing compounds from spectroscopic data [J]. Journal of Applied Spectroscopy，1971，15（4）：678~681.

[7] Gorshkova G N，Kolodkin F L，Dudinskaya A A，et al. Titrimetric and specteal determination of the basicity of certain diaziridines [J]. Bulletin of the Academy of Sciences of the USSR Division of Chemical Science，1970，18（8）.

[8] 傅源，李锋. 生活用水硬度的测定教学设计探析 [J]. 职业技术，2016，15（12）：

87~89.
[9] 陈盛余，唐成勇，赵丹丹．水硬度测定实验项目化教学实施浅谈［J］．中国教育技术装备，2017（4）：129~131.
[10] 蒋立英，仇凡．高校饮用水硬度测定及改善方法研究［J］．廊坊师范学院学报（自然科学版），2017，17（3）：61~63.
[11] 高洪兰，张怀香．影响给水硬度测定值的几个因素［J］．中国锅炉压力容器安全，2000，16（6）：25，28.
[12] 沈永玲，吴泓毅．水硬度的测定方法［J］．广州化工，2011，39（20）：20~21.
[13] 韦寿莲，叶泽龙，林泽卯．影响水硬度测定的若干因素［J］．肇庆学院学报，2009，30（5）：58~62.
[14] Ben Amor M，Zgolli D，Tlili M M，et al. Influence of water hardness，substrate nature and temperature on heterogeneous calcium carbonate nucleation［J］. Desalination，2004：166.

第四章 水中化学需氧量和生化需氧量的测定

第一节 实验背景

一、化学需氧量

化学需氧量是在一定条件下，以氧化1L水样中还原性物质所消耗的氧化剂的量为指标，折算成每升水样全部被氧化后，需要的氧的质量，以mg/L表示。它反映了水中受还原性物质污染的程度，该指标也作为有机物相对含量的综合指标之一。一般测量化学需氧量所用的氧化剂为高锰酸钾（$KMnO_4$）或重铬酸钾（$K_2Cr_2O_7$），由于氧化性的差异，使用不同的氧化剂得出的数值也不同，因此需要注明检测方法。为了统一具有可比性，各国都有一定的监测标准。根据所加氧化剂的不同，分别称为重铬酸钾耗氧量（习惯上称为化学需氧量，chemical oxygen demand，COD）或高锰酸钾耗氧量（也称为高锰酸盐指数）。

COD表示在强酸性条件下重铬酸钾氧化1L污水中有机物所需的氧量，可大致表示污水中的有机物量，是指示水体有机污染的一项重要指标，能够反映出水体的污染程度，是表示水中还原性物质多少的一个指标。

水中的还原性物质有各种有机物、亚硝酸盐、硫化物、亚铁盐等，但主要的是有机物。因此，COD又往往作为衡量水中有机物质含量多少的指标。COD越大，说明水体受有机物的污染越严重。COD的测定，随着测定水样中还原性物质以及测定方法的不同，其测定值也有不同。$KMnO_4$法，氧化率较低（因为很难氧化结构复杂的物质），但比较简便；在测定水样中有机物含量的相对比较大时，可以采用$K_2Cr_2O_7$法，氧化率高，再现性好，适用于测定水样中有机物的总量。

耗氧量法适用于测定天然水或含易被氧化的有机物的废水，而成分较复杂的有机工业废水则常测定化学需氧量。虽然有机物在经过预处理时（混凝、沉淀和过滤），约可减少50%，但在除盐系统中无法除去。含有大量的有机物的废水在通过除盐系统时会污染离子交换树脂，特别容易导致系统污染，使交换能力降低，影响总体的去除效率。

有机物还可能进入蒸汽系统和凝结水中，使pH值降低，造成系统的腐蚀，在循环水系统中有机物含量高会促进微生物繁殖。因此，不管对除盐、炉水或循环水系统，COD 都是越低越好，但并没有统一的限制指标。有数据显示，在循环冷却水系统中 COD（$KMnO_4$ 法）>5mg/L 时，水质已开始变差。

在地表水环境标准中，Ⅰ类和Ⅱ类水 COD≤15mg/L，Ⅲ类水化学需氧量 COD≤20mg/L，Ⅳ类水化学需氧量 COD≤30mg/L，Ⅴ类水化学需氧量（COD）≤40mg/L。COD 的数值越大表明水体的污染情况越严重。

二、生化需氧量

生化需氧量又称生化耗氧量（biochemical oxygen demand，简写为 BOD），是水体中的好氧微生物在一定温度下将水中有机物分解成无机质，这一特定时间内的氧化过程中所需要的溶解氧量，是表示水中有机物等需氧污染物质含量的一个综合指标，是重要的水质污染参数。废水、废水处理厂出水和受污染的水中，微生物利用有机物生长繁殖时需要的氧量，是可降解（可以为微生物利用的）有机物的氧当量。生化需氧量以 mg/L 或 mg/mL 表示。它是反映水中有机污染物含量的一个综合指标。污水中各种有机物得到完全氧化分解的时间，总共约需要 100d，为了缩短检测时间，一般生化需氧量以被检验的水样在 20℃下，5d 内的耗氧量为代表，称其为五日生化需氧量，简称 BOD_5，对生活污水来说，它约等于完全氧化分解耗氧量的 70%。在不同的培养时间基础上，相应地还有 BOD_{10} 和 BOD_{20} 等表达方法（即十日生化需氧量和二十日生化需氧量）。

BOD 越高，说明水中有机污染物质越多，污染也就越严重。加以悬浮或溶解状态存在于生活污水和制糖、食品、造纸、纤维等工业废水中的碳氢化合物、蛋白质、油脂、木质素等均为有机污染物，可经好氧菌的生物化学作用而分解，由于在分解过程中消耗氧气，故亦称需氧污染物质。若这类污染物质排入水体过多，将造成水中溶解氧缺乏，同时，有机物又通过水中厌氧菌的分解引起腐败现象，产生甲烷、硫化氢、硫醇和氨等恶臭气体，使水体变质发臭。

虽然生化需氧量并非一项精确定量的检测，但是由于其间接反映了水中有机物质的相对含量，故而 BOD 长期以来作为一项环境监测指标被广泛使用；在水环境模拟中，由于对水中每种化合物分别考虑也并不现实，同样使用 BOD 来模拟水中有机物的变化。

一般清净河流的五日生化需氧量不超过 2mg/L，若高于 10mg/L，就会散发出恶臭味。工业、农业、水产用水等要求生化需氧量应小于 5mg/L，而生活饮用水应小于 1mg/L。对于一般的生活污水、有机废水，硝化过程在 5～7d 以后才能显著展开，因此不会影响有机物 BOD_5 的测量；对于特殊的有机废水，为了避免硝化过程耗氧所带来的干扰，可以在样本中添加抑制剂。

我国污水综合排放标准规定，在工厂排出口，废水的生化需氧量二级标准的最高容许浓度为60mg/L，地面水的生化需氧量不得超过4mg/L。

BOD广泛应用于衡量废水的污染强度和废水处理构筑物的负荷与效率，也用于研究水体的氧平衡（比如阐述河流自净的机理等)。存放时间的长短和温度都影响耗氧量。延长存放时间，可以测得微生物降解水中有机物所需的全部氧量，称总生化需氧量，一般则按生化耗氧规律以BOD_5推算。生化需氧量的检测不易准确。水样的储放、稀释、接种等检测程序都应按照标准方法进行。对于有毒的工业废水常采用专门的设备处理，如果没有满足测定的条件，有时甚至无法利用既定方法测定。

三、两者区别

生化需氧量和化学需氧量的比值能说明水中的难以生化分解的有机物占比，微生物难以分解的有机污染物对环境造成的危害更大。通常认为废水中这一比值大于0.3时适合使用生化处理。

第二节 实验目的

（1）掌握重铬酸钾法测定水中化学需氧量（COD）的原理及方法；
（2）掌握水体中生化需氧量（BOD_5）的测定原理和方法；
（3）学会硫酸亚铁铵标准溶液的配制及标定方法。

第三节 实验原理

一、COD的测定实验

在强酸性溶液中，一定量的$K_2Cr_2O_7$氧化水样中还原性物质，过量的$K_2Cr_2O_7$以试亚铁灵（$C_{12}H_8N_2$）作指示剂，用硫酸亚铁铵溶液回滴（定量滴定)，根据用量算出水样中还原性物质消耗氧的量，即为COD的测定。

二、BOD_5的测定实验

在接种微生物后，设定温度在（20±1)℃（在培养箱中操作完成），通过比较培养测定培养前后溶解氧含量的变化，降解有机物，计算溶解氧消耗的差值。两者之差即为5d生化过程所消耗的培养量（BOD_5)。

第四节　实验仪器与试剂药品

一、COD 测定的实验仪器与试剂药品

（一）实验仪器

回流装置（消解仪，图 4-1），电炉，酸式滴定管（25mL），磨口锥形瓶（500mL）。

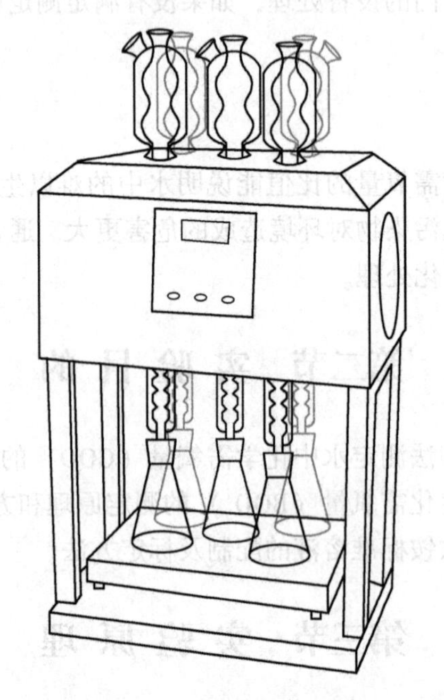

图 4-1　COD 消解装置图

（二）试剂药品

重铬酸钾标准溶液（1/6 浓度的 $K_2Cr_2O_7$ = 0.2500mol/L）。其配置方法为：称取预先在 120℃烘干 2h 的分析纯（及以上纯度）的 $K_2Cr_2O_7$ 12.2579g 溶于水中，移入 1000mL 容量瓶稀释至标线，摇匀。

试亚铁灵指示剂。其配置方法为：称取 1.485g 邻菲罗啉（$C_{12}H_8N_2 \cdot H_2O$），0.695g 硫酸亚铁（$FeSO_4 \cdot 7H_2O$）溶于水中，稀释至 100mL，储于棕色滴瓶中。

硫酸亚铁铵标准溶液［$(NH_4)_2Fe(SO_4)_2 \cdot 6H_2O$ = 0.25mol/L］。其配置方法为：称取 98.0g 硫酸亚铁铵溶于水中，边搅拌边缓慢加入 20mL 浓硫酸，冷却后移入 1000mL 容量瓶，加水稀释至标线，摇匀，临用前用重铬酸钾标准溶液标定。

浓硫酸500mL，使用的时候小心操作。

Ag_2SO_4-H_2SO_4 溶液。其配置方法为：称取13.33g Ag_2SO_4 加入1L浓 H_2SO_4 中（此溶液75mL中含有1g Ag_2SO_4），保存在暗处，可以放置1~2d，不时摇动使其保持溶解状态。

二、BOD测定的实验仪器与试剂药品

（一）实验仪器

恒温培养箱（温度可以调节到20℃±1℃）；5~20L细口玻璃瓶；1000~2000mL规格的量筒；玻璃搅棒：棒长应比所用量筒高度长20cm；在棒的底端固定一个直径比量筒直径略小，并带有几个小孔的硬橡胶板；溶解氧瓶：200~300mL，带有磨口玻璃塞并具有供水封口用的钟形口；虹吸管：供分取水样和添加稀释水用；每种规格的容量瓶。

（二）试剂药品

磷酸盐缓冲溶液：将8.5g磷酸二氢钾（KH_2PO_4），21.75g磷酸氢二钾（K_2HPO_4），33.4g磷酸氢二钠（$Na_2HPO_4 \cdot 7H_2O$）和1.7g氯化氨（NH_4Cl）溶于水中，稀释至1000mL容量瓶中，此溶液的pH值应为7.2。

硫酸镁溶液：将22.5g硫酸镁（$MgSO_4 \cdot 7H_2O$）溶于水中，稀释定容至1000mL容量瓶中。

氯化钙溶液：将27.5g无水氯化钙（$CaCl_2$）溶于水，稀释定容至1000mL容量瓶中。

氯化铁溶液：将0.25g氯化铁（$FeCl_3 \cdot 6H_2O$）稀释定容至1000mL容量瓶中。

盐酸溶液（0.5mol/L）：将40mL（ρ=1.18g/mL）盐酸溶于水，稀释定容至1000mL容量瓶中。

氢氧化钠溶液（0.5mol/L）：将20g氢氧化钠溶于水，稀释定容至1000mL容量瓶中。

亚硫酸钠溶液（Na_2SO_3 浓度为0.025mol/L）：将1.575g Na_2SO_3 溶于水，稀释至定容1000mL容量瓶中。此溶液不稳定，不能长期储存，需每天配制。

葡萄糖-谷氨酸标准溶液：将葡萄糖（$C_6H_{12}O_6$）和谷氨酸（HOOC—CH_2—CH_2—$CHNH_2$—COOH）在103℃干燥1h后，各称取150mg溶于水，在高温灭菌锅里灭菌后，在无菌台操作，定容至1000mL容量瓶中。

稀释水：在5~20L玻璃瓶内装入一定量的水，控制水温在20℃左右。然后用曝气设备（如压缩机等）将此水曝气2~8h，使水中的溶解氧接近于饱和，也可以鼓入适量纯氧。瓶口盖以两层经洗涤晾干的纱布，置于20℃培养箱中放置数小时，使水中溶解氧含量达8mg/L左右。临用前于每升水中加入氯化钙溶液、

氯化铁溶液、硫酸镁溶液、磷酸盐缓冲溶液各 1mL，并混合均匀。

接种液：可选用以下任一方法，以获得适用的接种液。

(1) 城市污水，一般采用生活污水，在室温下放置一昼夜，取上清液待用。

(2) 表层土壤浸出液，取 100g 花园土壤或植物生长土壤，加入 1L 水，混合并静置 10min，取上清液待用。

(3) 污水处理厂的出水，可以去城市污水处理厂的出水口收集。

(4) 当分析含有难降解有机物的废水时，在排污口下游 3～8km 处取水样。如无此种水源，可取中和或经适当稀释后的废水进行连续曝气，每天加入少量该种废水，同时加入适量表层土壤或生活污水，使能适应该种废水的微生物大量繁殖。当水中出现大量絮状物，或检查其化学需氧量的降低值出现突变时，表明适用的微生物已进行繁殖，可用做接种液。一般驯化过程需要 3～8d。

接种稀释水：取适量接种液，加于稀释水中后混匀。每升稀释水中接种液加入量生活污水为 1～10mL 或表层土壤浸出液为 20～30mL 或加入河水、湖水 10～100mL。在接种以后，用 pH 计测量接种后的溶液，使得接种稀释水的 pH 值应为 7.2 左右，BOD_5 值以在 0.3～1.0mg/L 之间为宜。接种稀释水配置后应立即使用，不宜放置太长时间。

第五节　实验步骤

一、COD 测试的实验步骤

(一) 硫酸亚铁铵溶液的标定

利用移液管准确吸取 25.00mL $K_2Cr_2O_7$ 标准溶液（$1/6\ K_2Cr_2O_7 = 0.2500$mol/L）于 500mL 锥形瓶中加蒸馏水至 250mL 左右，缓慢加入 20mL 浓 H_2SO_4（加入的时候小心搅拌，释放热量），混匀。冷却后加 3 滴试亚铁灵指示剂（约 0.10mL），用硫酸亚铁铵溶液滴定至溶液由橙黄色经蓝绿色变到蓝色后，立即转为棕红色即为终点。记录硫酸亚铁铵溶液滴用量（$V_{标}$，mL）。共做 3 个平行样。

计算：

$$C_{[(NH_4)_2Fe(SO_4)_2]} = \frac{0.2500 \times 25.00}{V} \tag{4-1}$$

式中　$C_{[(NH_4)_2Fe(SO_4)_2]}$——硫酸亚铁铵标准溶液的浓度，mol/L；

V——标定时硫酸亚铁铵标准溶液用量，mL。

(二) 水样的测定——回流法

(1) 吸取 20.00mL 的水样，放入 500mL 磨口回流锥形瓶中；

（2）准确加入 10.00mL 重铬酸钾标准溶液（$1/6K_2Cr_2O_7$ = 0.2500mol/L），用量筒加 50mL 蒸馏水，加 4~5 粒玻璃珠，缓慢地加入 20mL 浓 H_2SO_4，同时加入 5mL Ag_2SO_4-H_2SO_4 溶液。

后续实验操作的步骤为：

（1）连接磨口回流冷凝管，加热回流 1h。

（2）冷却后，先用 50mL 蒸馏水冲洗冷凝管壁，再用蒸馏水稀释至约 350mL（溶液总体积不得少于 350mL，否则因 pH 值太低，终点不明显），取下锥形瓶再进一步冷却至室温状态。

（3）加 3 滴试亚铁灵指示剂，用硫酸亚铁铵标准溶液滴定至溶液由橙黄色经蓝绿色变到蓝色后，立即转为棕红色即为终点，记录 $(NH_4)_2Fe(SO_4)_2$ 标准溶液的用量（V_1，mL）。共做 2 个平行样。

（4）同时以 20.00mL 蒸馏水作空白，其操作步骤与水样的测定相同，记录消耗的 $(NH_4)_2Fe(SO_4)_2$ 标准溶液的用量（V_0，mL）。

二、BOD 测试的实验步骤

（一）水样的预处理

（1）水样的 pH 值若超出 6.5~7.5 范围时，可用盐酸或氢氧化钠稀溶液调节至近于 7，但用量不要超过水样体积的 0.5%。若水样的酸度或碱度太高，可改用高浓度的碱或酸液进行中和。

（2）水样中含有铜、铅、锌、铬、砷、氰等有毒物质时，可使用经驯化的微生物接种液的稀释水进行稀释或增大稀释倍数，以减小毒物的浓度。

（3）含有少量游离氯的水样一般放置 1~2h，水中的游离氯即可消失。对于游离氯在短时间不能消散的水样，可加入亚硫酸钠溶液，以除去之。其加入量的计算方法是：取中和好的水样 100mL，加入（1+1）乙酸（乙酸和水的体积比为 1∶1）10mL，10%（m/V）碘化钾溶液 1mL，混匀。以淀粉溶液为指示剂，用亚硫酸钠标准溶液消耗的体积及其浓度，计算水样中所需加亚硫酸钠溶液的量。

（4）从水温较低的水浴中采集的水样，可遇到含有过饱和溶液氧，此时应将水样迅速升温至 20℃左右，充分振摇，以赶出过饱和的溶解氧。从水温较高的水浴或废水排放取得的水样，则应迅速使其冷却至 20℃左右，并充分振摇，使其与空气中氧分压接近平衡。

（二）水样的测定

1. 不经稀释水样的测定

溶解氧含量较高、有机物含量较少的地面水，可不经稀释，而直接以虹吸法将约 20 ℃的混匀水样转移至两个溶解氧瓶内，转移过程中注意不使其产生气泡。以同样的操作使两个溶解氧瓶充满水样，加塞水封。立即测定其中一瓶溶解氧。

将另一瓶放入培养箱中，在（20±1)℃培养5d后，测其溶解氧。

2. 经稀释水样的测定

稀释倍数的确定：地面水可由测得的高锰酸盐指数乘以适当的系数求出稀释倍数（表4-1)。

表4-1　高锰酸盐指数和稀释倍数的关系

高锰酸盐指数/mg · L^{-1}	系　数
<5	—
5~10	0.2、0.3
10~20	0.4，0.6
>20	0.5，0.7，1.0

工业废水可由重铬酸钾法测得的COD值确定。通常需作三个稀释比，即使用稀释水时，由COD值分别乘以系数0.075、0.15、0.225，即获得三个稀释倍数；使用接种稀释水时，则分别乘以0.075、0.15、0.25，获得三个稀释倍数，确定后按下法之一测定水样。

(1）一般稀释法。按照确定的稀释比例，用虹吸法沿筒壁先引入部分稀释水（或接种稀释水）于1000mL量筒中，加入需要量的均匀水样，再引入稀释水（或接种稀释水）至800mL，用玻璃棒小心上下搅匀。搅拌时勿使玻璃棒的搅拌露出水面，防止产生气泡。按不经稀释水样的测定步骤，进行装瓶，测定当天溶解氧和培养5d后的溶解氧含量。另取两个溶解氧瓶，用虹吸法装满稀释水（或接种稀释水）作为空白，分别测定5d前、后的溶解氧含量。

(2）直接稀释法。直接稀释法是在溶解氧瓶内直接稀释。再已知两个容积相同（其差小于1mL）的溶解氧瓶内，用虹吸法吸入部分稀释水（或接种稀释水)，再加入根据瓶容积和稀释比例计算出的水样量，然后引入稀释水（或接种稀释水）至刚好充满，加塞，勿留气泡于瓶内。其余操作与上述稀释法相同。在BOD_5测定中，一般采用碘量法测定溶解氧。如遇干扰物质，应根据具体情况采用其他测定法。

第六节　注 意 事 项

(1）测定一般水样的BOD_5时，硝化作用很不明显或根本不发生。但对于生物处理池出水，则含有大量消化细菌。因此，再测定BOD_5时也包括了部分含氮化合物的需氧量。对于这种水样，如只需测定有机物的需氧量，应加入硝化抑制剂，如丙烯基硫脲（ATU，$C_4H_8N_2S$）等。

(2）在两个或三个稀释比的样品中，凡消耗溶解氧大于2mg/L和剩余溶解氧大于 1mg/L 都有效，计算结果时，应取平均值以减小误差。

（3）为检查稀释水和接种液的质量，以及化验人员的操作技术，可将 20mL 葡萄糖-谷氨酸标准溶液用接种稀释水稀释至 1000mL，测其 BOD_5，其结果应在 180~230mg/L 之间。否则，应检查接种液、稀释水或操作技术是否存在问题。

第七节 数据记录与处理

一、COD 数据处理与计算

$CODmgO_2/L$ 计算公式如下：

$$COD = \frac{C \times (V_0 - V_1) \times 8.000 \times 1000}{V_w} \tag{4-2}$$

式中 C——硫酸亚铁铵标准溶液[$(NH_4)_2Fe(SO_4)_2$]的物质的量浓度，mol/L；

V_0——空白实验消耗硫酸亚铁铵标准溶液的体积，mL；

V_1—滴定水样时消耗硫酸亚铁铵标准溶液的体积，mL；

V_w——水样的体积，mL；

8.000——1/2O 的摩尔质量，g/moL。

将测定结果及计算结果填写在表 4-2 中。

表 4-2 实验数据记录

实验编号	1号	2号	3号
水样测定	V_{1-1}	V_{1-2}	V_0
滴定管溶液体积起始读数/mL			
滴定管溶液体积最终读数/mL			
$V_{(NH_4)_2Fe(SO_4)_2}$/mL			
$COD/mgO_2 \cdot L^{-1}$			

二、BOD 数据处理与计算

（一）不经稀释直接培养的水样

BOD 计算公式如下：

$$BOD_5(mg/L) = c_1 - c_2 \tag{4-3}$$

式中 c_1——水样在培养前的溶解氧浓度，mg/L；

c_2——水样经 5d 培养后剩余溶解氧浓度，mg/L。

（二）经稀释后培养的水样

BOD 计算公式如下：

$$BOD_5(mg/L) = \frac{(c_1 - c_2) - (B_1 - B_2)f_1}{f_2} \qquad (4\text{-}4)$$

式中 B_1——稀释水（或接种稀释水）在培养前的溶解氧浓度，mg/L；

B_2——稀释水（或接种稀释水）在培养后的溶解氧浓度，mg/L；

f_1——稀释水（或接种稀释水）在培养液中所占的比例；

f_2——水样在培养液中所占比例。

第八节　思考与讨论

（1）水中高锰酸钾指数与化学需氧量 COD 有何异同？

（2）COD 计算公式中，为什么是空白值（V_0）减水样值（V_1）？

（3）某测定 BOD_5 水样，经 5 天培养后，测其溶解氧时，当向水样中加 1mL $MnSO_4$ 及 2mL 碱性 KI 溶液后，瓶内出现由白色絮状沉淀，这是为什么？该如何处理？

（4）如样品本身不含有足够的合适性微生物，应采用哪几种方法获得接种水？

（5）测定水样的 BOD_5 时，用稀释水稀释水样的目的是什么？稀释水中应加入什么营养物质？

参考文献

[1] 邱桂香．浅谈生化需氧量（BOD）的测定［J］．江西化工，2017（6）：28~29.

[2] 丁厚钢，商颖欣，孙青玲．五日生化需氧量测定的影响因素探讨［J］．治淮，2017（12）：91~92.

[3] 刘恋．BOD_5 测定中的技术问题［J］．环境与发展，2017，29（4）：126~127.

[4] 卢可．氨氮和 COD 测定方法的改进及研究［D］．安庆：安庆师范大学，2017.

[5] 丁厚钢，曾丹，商颖欣．不同接种液对 BOD_5 测定结果的影响研究［J］．治淮，2016（12）：52~53.

[6] 杨立武．BOD_5 测定常见影响因素及其技巧的探讨［J］．科技创新与应用，2016（30）：162.

[7] 杜慧慧，王伟，孙彦君，等．生化需氧量（BOD_5）的几种测定方法研究［J］．中国环境管理干部学院学报，2016，26（3）：83~85.

[8] 闫晓峰，赵安明．生化需氧量测定方法相关问题的探讨［J］．中国石油石化，2016（S1）：105~106.

[9] 王婷，姜姗，海燕，等．COD 与 BOD 之间关系的探讨［J］．资源节约与环保，2015（12）：49.

[10] 丁佳．COD 测定仪法测定不同水样 COD 消解时间的差异性［J］．环境监控与预警，2015，7（6）：38~41.

[11] 康长安，吴志强，彭刚华，等．稀释接种法测定水中 BOD_5 的质量控制指标研究 [J]. 化学分析计量，2015，24（6）：30~34.

[12] 温淑瑶，马占青，高晓飞，等．重铬酸钾法测定 COD 存在问题及改进研究进展 [J]. 实验技术与管理，2010，27（1）：43~46.

[13] 郑青，韩海波，周保学，等．化学需氧量（COD）快速测定新方法研究进展 [J]. 科学通报，2009，54（21）：3241~3250.

[14] 陈荣平．重铬酸钾法测定 COD 影响因素的研究 [J]. 化学工业与工程技术，2007（6）：54~56.

[15] 姚淑华，石中亮，宋守志，等．用开管法快速测定废水的 COD [J]. 化工环保，2004（2）：138~140.

第五章 臭氧的氧化脱色实验

第一节 实验背景

一、臭氧的性质

臭氧是一种强氧化剂，它的氧化能力在天然元素中仅次于氟。臭氧在污水处理中可用于除臭、脱色、杀菌、消毒等领域。臭氧在水溶液中的强烈氧化作用，不是由 O_3 本身引起的，而主要是由臭氧在水中分解的中间产物 $\cdot OH$ 及 $\cdot HO_2$ 引起的，这两种自由基氧化性很强，很多有机物都容易与臭氧发生反应。例如，臭氧对水溶性染料、蛋白质、氨基酸、有机氨及不饱和化合物、酚和芳香族衍生物以及杂环化合物、木质素、腐殖质等有机物有强烈的氧化降解作用。O_3 不仅能降解有机物，还有强烈的杀菌、消毒作用，能被广泛地应用到环境修复等相关领域。

臭氧氧化的优点：

(1) 臭氧的氧化能力高于其他大多数化学氧化技术，可以氧化生物氧化不易处理的污染物，对除臭、脱色、杀菌、降解有机物和无机物都有显著效果；

(2) 污水经处理后污水中剩余的臭氧易分解，不产生二次污染，且能增加水中的溶解氧的浓度，有利于被污染环境的修复；

(3) 制备臭氧利用空气作原料，操作简便，能够实现在现场的制备。

工业上一般采用高压（1.5 万~3 万伏）高频放电制取臭氧，通过电场激发后，使得部分 O_2 合成为 O_3，通常制得的是含 1%~4%臭氧的混合气体，称为臭氧化气体。随着现有臭氧制备技术的发展，一些体积小的、便携式的臭氧发生器也逐渐被利用，使得其应用范围更加广泛。

O_3 氧化有机物的机理主要如下：

(1) 直接反应机理。直接反应为臭氧分子直接进攻有机物的反应。打开双键，发生加成反应，借助其偶极结构同有机物的不饱和键发生加成反应，形成臭氧化中间产物，并进一步分解。反应式为

$$R_1C=CR_2+O_3 \longrightarrow R_1GCOOH+R_2C=O \tag{5-1}$$

式中，G 代表—OH、$—OCH_3$、$—OCOCH_3$ 基团。

主要的反应类型有亲电反应和亲核反应两种类型。

亲电反应：缺电子（对电子有亲和力）的试剂进攻另一化合物电子云密度较高（富电子）区域引起的反应。

亲核反应：电负性高的或者电子云密度较大的亲核基团向反应底物中的带正电的或者电子云密度较低的部分进攻而使反应发生。

图 5-1 表示了臭氧共振杂化分子的四种典型形式。臭氧分子的共振三角形结构表明，它可以作为偶极试剂、亲电试剂和亲核试剂，与有机物结合时，易形成上述的两类反应。

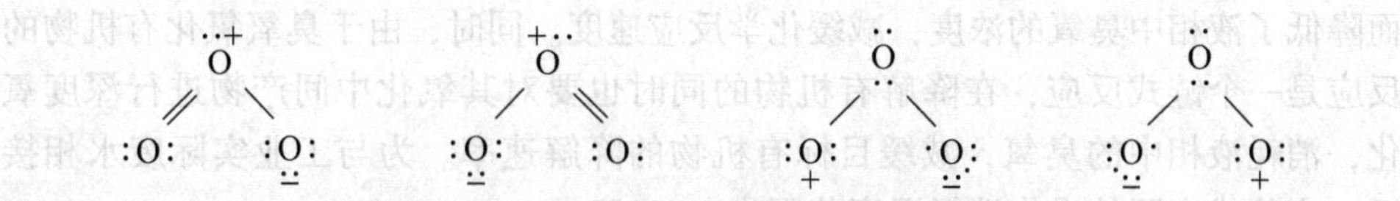

图 5-1　臭氧共振杂化分子的四种典型形式

（2）间接反应机理。间接反应为臭氧分解形成自由基与有机物的反应，也可以达到去除污染物的效果。臭氧分解形成羟基自由基，·OH 通过不同的反应使溶解态无机物和有机物氧化。其主要的过程为：链引发—传递—终止反应。·OH 与溶解态化合物间的反应电子转移反应，指的是从其他物质上抽取电子，自身还原为 OH^-。

抽氢反应：从有机物的不同取代基上抽取 H 使有机物变为有机物自由基，自身则转变为 H_2O；·OH 加成反应：·O 加成到烯烃或芳香碳氢化合物双键上。

以臭氧去除废水中染料为例。·OH 使染料发色基团中的不饱和键（芳香基或共轭双键）断裂生成小分子质量的酸和醛，生成了低分子质量的有机物，从而导致水体色度显著降低。臭氧对亲水性染料的脱色速度快，效果好；对疏水性染料的脱色速度慢，效果差，且需臭氧量大。臭氧可氧化铁、锰等无机有色离子为难溶物臭氧的微絮凝效应，还有助于有机胶体和颗粒物的混凝，并通过过滤去除致色物。

二、臭氧氧化性能的影响因素

臭氧氧化性能的影响因素具体如下：

（1）臭氧本身的氧化能力与 pH 值有很大关联。溶液的 pH 值变化对臭氧的氧化性能有很大影响。臭氧在水中的分解速度随着 pH 值的提高成正比，在 pH<4 时，臭氧在水溶液中的分解可以忽略不计，其反应的主要原理是溶解的臭氧分子同有机污染物的直接反应；在 pH>4 时，臭氧的分解便不可忽略，其去污能力受到一定程度的影响；在 pH 值更高时，则臭氧主要是在·OH 的催化作用下，经一系列链式反应分解成具有高反应活性的自由基而对还原性物质进行非选择性氧化降解。一般而言，pH 值提高一个单位臭氧分解的速率大约快 3 倍。

(2) 污水中污染物的物理化学性质和其对臭氧吸收率与 pH 值有密切关系。pH 值在整个臭氧氧化过程中的变化，主要是在中性或碱性条件下 pH 值会随着氧化过程而呈下降趋势，其原因是有机物氧化成小分子有机酸或醛之类的物质，中和了水中的部分 OH^-。总体而言，碱性条件下的污染物去除率高于酸性条件下的。

(3) 溶液温度的影响。提高反应溶液温度将使反应的活化能降低，有利于提高化学反应速率。但是，随温度的升高，臭氧其分解将加速，溶解度降低，从而降低了液相中臭氧的浓度，减缓化学反应速度。同时，由于臭氧氧化有机物的反应是一个链式反应，在降解有机物的同时也要对其氧化中间产物进行深度氧化，消耗液相中的臭氧，减缓目标有机物的降解速率。为与工业实际废水相接近，实验或实际的操作选择温度范围为 3~30℃。

(4) 催化剂的影响。碱催化臭氧氧化：如 O_3/H_2O_2，它们是通过 OH^-来催化产生 ·OH 而对有机物进行降解；光催化臭氧氧化：如 O_3/UV、$O_3/H_2O_2/UV$；多相催化臭氧氧化：如 O_3/固体催化剂（如活性炭、金属及其氧化物）。

三、臭氧技术在应用中进一步推广所存在的问题

低浓度臭氧处理有机物时不能将其完全氧化为二氧化碳和水，而是生成一系列中间产物（小分子有机物），如醛、羧酸等，这些物质很容易被环境中的微生物利用，造成生物的二次污染；另外，臭氧溶解度低，限制了臭氧在水处理中的应用。臭氧生产中对进入发生器的空气质量要求高，且臭氧有腐蚀性，要求设备和管路使用耐腐蚀材料或作防腐处理。

另外臭氧极不稳定，质量浓度为 1%以下的臭氧在常温（常压）的空气中的半衰期为 16h；当水中臭氧浓度为 3mg/L 时，半衰期仅 30min 左右。

第二节 实验目的

臭氧（O_3）是氧的同素异构体，具有很强的氧化性，不仅能容易地氧化废水中的不饱和有机物，而且还能使芳香族化合物开环和部分氧化，提高废水的可生化性，在环境污染物的去除和高级氧化处理过程中有较为广泛的应用。臭氧极不稳定，在常温下分解为氧。用臭氧处理废水的最大优点是不产生二次污染，且能增加水中的溶解氧，臭氧通常用于水体的消毒，在废水脱色及深度处理中逐渐获得应用推广。因此利用臭氧处理水和废水具有广阔的前景。

本实验的主要内容为利用实验室制备臭氧完成模拟废水的脱色实验，希望达到以下目的：

(1) 了解臭氧的特性，掌握其浓度测定方法；

(2) 通过对染色废水的处理，了解臭氧处理工业废水的基本过程；

(3) 了解臭氧处理技术在污水处理中的应用及前景。

第三节　实验原理

臭氧是一种强氧化剂，氧化能力仅次于氟，其氧化还原反应式和标准电极电位为

$$O_3+2H^++2e \longrightarrow O_2+H_2O \qquad (5\text{-}2)$$

$$E^{\ominus}=+2.07V$$

废液中的色素多为有机物，臭氧可以迅速氧化分解这些有机物。臭氧与废水中的有机物反应极为复杂。臭氧氧化过程经废液中某些溶解物质诱发，而产生一系列的自由基，这些产生的自由基与废液中的有机物上的生色基团和不饱和键快速发生反应。因此可以用其极强的氧化能力破坏废液分子的发色基团，从而达到脱色的目的。

第四节　实验仪器与试剂药品

实验仪器：臭氧发生器，洗气瓶，碱式滴定管，量筒，锥形瓶，pH 试纸，分光光度计，大烧杯。

实验试剂药品：2%的 KI 溶液，醋酸，0.005mol/L 的 $Na_2S_2O_3$，1%淀粉溶液，蒸馏水，分散蓝溶液。

第五节　实验步骤

一、O_3 浓度的测定

用量筒取 250mL 的 2%的 KI 溶液加入气体吸收瓶，然后通入 O_3，持续 90s，取 100mL 反应液于锥形瓶中，用醋酸酸化至 pH＝4，用 0.005mol/L 的 $Na_2S_2O_3$ 滴至淡黄色，加入 1%淀粉溶液，继续滴定至无色，记录滴定消耗 $Na_2S_2O_3$ 的体积。

二、臭氧脱色效率的测定

主要的步骤如下：

(1) 取两个气体吸收瓶，分别装入 250mL 直接蓝溶液和 2%的 KI 溶液，用胶管连接通 O_3，曝气 45s。

（2）取分散蓝溶液反应液在最大吸收波长 580nm 下测吸光度，计算 O_3 的溢出量，求 O_3 的脱色效率和吸收率。

（3）取反应后 KI 溶液 100mL 于锥形瓶中，用醋酸酸化至 pH = 4，用 0.005mol/L 的 $Na_2S_2O_3$ 滴至淡黄色，加入1%淀粉溶液，继续滴定至无色，记录滴定消耗 $Na_2S_2O_3$ 的体积。

（4）调节原水的 pH 值为 3 和 10，重复（1）～（3）的步骤。

测定臭氧在水中的浓度，采用碘量法。臭氧先用 KI 溶液吸收，生成 I_2 用 $Na_2S_2O_3$ 标准溶液滴定，反应过程如下：

$$O_3+2KI+H_2O = O_2+I_2+2KOH \tag{5-3}$$

$$I_2+2Na_2S_2O_3 = Na_2S_4O_6+2NaI \tag{5-4}$$

测定方法：

（1）臭氧吸收：取 250mL2%KI 溶液于吸收瓶中，持续通入臭氧 1.5min。

（2）取吸收臭氧的 KI 溶液（2%）溶液 100mL 于锥形瓶中，用冰醋酸酸化调 pH=4，用 0.005mol/L$Na_2S_2O_3$ 标准溶液滴定至淡黄色时，再加入1%淀粉指示剂，此时溶液为蓝色，再迅速滴定至蓝色消失为终点。

注意：对于不同 pH 值的有色溶液，要注意溶液臭氧吸收量与脱色率之间的联系。

第六节　数据记录与处理

（1）通入 $O_3$90s 后的2%的 KI 溶液用 0.005mol/L 的 $Na_2S_2O_3$ 溶液滴定，消耗 $Na_2S_2O_3$ 溶液体积记录在表 5-1 中。

（2）不同 pH 值的原水吸收臭氧后用 0.005mol/L 的 $Na_2S_2O_3$ 溶液滴定。

表 5-1　实验结果记录

水　样	滴定消耗 $Na_2S_2O_3$/mL	吸光度 Abs
原水	—	
pH=3		
pH=7		
pH=10		

臭氧的浓度、溢出量、吸收率和脱色率通过以下的公式来进行计算：

$$臭氧浓度=\frac{\frac{0.005\times V}{2}\times 2.5}{1.5} \tag{5-5}$$

$$臭氧的溢出量=\frac{0.005\times V}{2} \tag{5-6}$$

$$\text{臭氧的吸收率} = \frac{\text{臭氧的浓度} \times \text{时间} - \text{臭氧的溢出量}}{\text{臭氧的浓度} \times \text{时间}} \times 100\% \tag{5-7}$$

$$\text{臭氧的脱色率} = \frac{A_0 - A_1}{A_0} \tag{5-8}$$

第七节　思考与讨论

（1）为加强某染色废水的处理效果，有人想将臭氧氧化和活性炭吸附联用，他的实验设计思路可行吗？为什么？

（2）废水经臭氧反应后，COD_{Cr}是否可能会升高？请分析原因。

参 考 文 献

[1] 刘永泽，江进，马军，等．臭氧氧化过程中羟基自由基产率测定与分析［J］．哈尔滨工业大学学报，2015，47（2）：9~12.
[2] 张梦萍，傅真真，于志刚，等．工作场所空气中臭氧测定方法的研究［J］．中国卫生检验杂志，2014，24（12）：1698~1700.
[3] 李凤苏，李金玉．水中臭氧的分光光度法测定［J］．环境与职业医学，2004（4）：318~319.
[4] 宋钰，蔡士林，张卫强．水中臭氧的快速测定［J］．卫生研究，2000（3）：151~153.
[5] 谢建荣．常见臭氧测定方法概述［J］．福建分析测试，1999（2）：1045~1053.
[6] 顾平，王占生，陶葆楷．靛红钾比色测定水中臭氧浓度的方法［J］．环境工程，1985（4）：42~45.

第六章　水中溶解氧的测定

第一节　实验背景

溶解氧（dissolved oxygen，DO）是指在一定条件下氧气在水中溶解达到平衡以后，一定量的水中氧气的含量。由于氧气的溶解度很低，一般用100g水中溶解氧气的质量（mg）来表示。由于水中的溶解氧对一些化学物质存在的形态有重要影响，关系到水中某些物质的氧化和还原，尤其是考虑自来水厂的水质变化等，和DO的值有很大关联。与此同时，水源（河流、湖泊和地下水）中溶解氧的多少还对水中生物的数量和种类产生影响，而这些因素也可以间接地影响我们饮用水水源的质量。从这两点来看，对水中溶解氧的研究有重要的理论和实践意义。

一般来讲，天然水中溶解氧的含量主要与氧气的来源和消耗有关。另外，在同一水体，溶解氧不但会随时间发生变化，还随着水体深度的不同，发生垂直分布的变化。因此我们在研究控制水中溶解氧时必须充分考虑这些因素的影响。

一、溶解氧对水中元素存在价态的影响

在氧气丰富的水环境中，一些离子或不溶物呈稳定的状态（NO_3^-、Fe^{3+}、SO_4^{2-}和MnO_2）。但是当水中缺氧时，则容易被还原为NO_2^-、NH_4^+、Fe^{2+}、S^{2-}和Mn^{2+}等。在缺氧条件下，有机物的氧化不完全，可能会产生有机酸和胺类。这些物质在饮用水安全国家标准（GB 5749—2006）中都有所规范，其存在对人身体有害。另外，它们的含量增多也表明水质被污染的程度加重。如果水中缺氧则水底层会发生腐败，以还原反应为主，会产生H_2S等有害的气体，氮、磷的相对含量也会发生变化。相反，在有氧的情况下，有机酸等的氧化则会比较完全，最终的产物是CO_2、H_2O、NO_3^-和SO_4^{2-}等无毒的物质。

图6-1为某水库夏季表层水pH值的日变化。由图6-1可见，水中的pH值变化与溶解氧、二氧化碳、碱度及水温有明显的相关性。水中pH值随着水中的溶解氧升高而偏碱性。通常如果$7<pH<8.5$，水质在较好的范围内。因为，当pH值下降时，水中的弱酸电离减少，许多弱酸阴离子（如CO_3^{2-}、SiO_3^{2-}、PO_4^{3-}、S^{2-}或有机酸）在不同程度转化为相应的分子形式，因而含这些阴离子的配合物及沉

淀也相继分解或溶解，使得游离重金属的金属离子浓度增大。相反，如果水体pH值升高，则弱碱电离减小，碱性阴离子多以分子形式存在，为保持电位的平衡，弱酸的电离增大，转化为弱酸阴离子，导致金属离子水解的加剧，形成氢氧化物或碳酸盐的沉淀，使游离金属浓度降低。

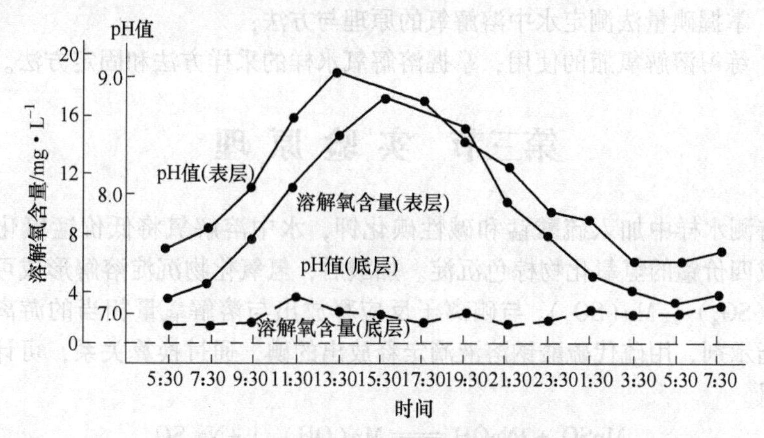

图 6-1 某水库夏季表层水 pH 值的日变化图

与此同时水体的pH值改变，还会影响到水体中的胶体和悬浮微粒的等电点状态，进而影响对水体重金属离子的吸附或絮凝。这也是我们在水处理工艺中经常投加聚合氯化铝来进行混凝沉淀的原因。总之水体中的溶解氧可以改变水中的化学物质的存在状态来改善水质。

二、天然水体中溶解氧的来源

天然水体中溶解氧的来源主要有以下几个途径：

（1）空气的溶解。水与空气接触，空气中的氧气溶于水中，溶解的速率与水中溶解氧的不饱和度成正比。还与水面搅动状况及单位体积有关，也就是和风力与水深有关。如果没有风力或人为的搅动，空气中的溶解氧速率是很慢的。因此在水处理过程中，有一个关键的环节就是曝气，增加水体中氧气的含量，达到去除污染物的目的。

（2）光合作用。水中植物光合作用释放氧气，是水体中氧气的重要来源。一般河流湖泊表层夏季光合作用产氧速率为0.5~10g/m，在两日内光合作用的产氧速率比冬季的要高。据现有的研究结果，在夏季最适合条件下，当浮游植物的生物量达到60.27mg时，每日产氧量达（20.30±6.95）mg/L。但如果夏季水体发生水华现象及浮游生物大量繁殖造成水体表面被遮盖，植物在过强的光照下会产生抑制效应，甚至发生腐烂污染水体，使最表层的光合速率降低。

（3）物理给氧途径。水体在补水的同时，也可以补充氧气，在一些关键水库来水口处增加跌水设施也是一个增氧的途径。

第二节　实验目的

（1）掌握碘量法测定水中溶解氧的原理与方法；

（2）练习溶解氧瓶的使用，掌握溶解氧水样的采样方法和固定方法。

第三节　实验原理

在待测水样中加入硫酸锰和碱性碘化钾，水中溶解氧将低价锰氧化成高价锰，生成四价锰的氢氧化物棕色沉淀。加酸后，氢氧化物沉淀溶解形成可溶性四价锰 $Mn(SO_4)_2$，$Mn(SO_4)_2$ 与碘离子反应释放出与溶解氧量相当的游离碘。以淀粉为指示剂，用硫代硫酸钠溶液滴定释放出的碘，通过换算关系，可计算溶解氧的含量。

$$MnSO_4+2NaOH = Mn(OH)_2\downarrow+Na_2SO_4$$

$$2Mn(OH)_2+O_2 = 2MnO(OH)_2\downarrow$$

$$MnO(OH)_2+2KI+2H_2SO_4 = I_2+MnSO_4+K_2SO_4+3H_2O$$

$$I_2+2Na_2S_2O_3 = 2NaI+Na_2S_4O_6$$

第四节　实验仪器与试剂药品

一、实验仪器

烘箱，溶解氧瓶（250~300mL），滴定管（25mL），锥形瓶（250mL）。

二、试剂药品

硫酸锰溶液：称取 480g 硫酸锰（$MnSO_4\cdot 4H_2O$）溶于水，用水稀释至 1000mL。此溶液加至酸化过的 KI 溶液中，遇淀粉不得产生蓝色。

碱性 KI 溶液：称取 500g 氢氧化钠溶解于 300~400mL 水中；另称取 150g 碘化钾溶于 200mL 水中，待 NaOH 溶液冷却后，将两溶液合并后混匀，用水稀释至 1000mL。如有沉淀，则放置过夜后，倾出上层清液，贮于棕色瓶中，用橡皮塞塞紧，避光保存。此溶液酸化后，遇淀粉应不呈蓝色。

（1+3）硫酸溶液（1 份浓硫酸配 3 份去离子水混合配置而成），在实验前预先配好。

1%（*m/V*）淀粉溶液：称取 1g 可溶性淀粉，用少量水调成糊状，再用刚煮沸的水稀释至 100mL，冷却后，加入 0.1g 水杨酸或 0.4g 氯化锌防腐。

0.025mol/L(1/6$K_2Cr_2O_7$）重铬酸钾标准溶液：准确称取于105~110℃烘干2h，并冷却的重铬酸钾1.2258g，溶于水，移入1000mL容量瓶中，用水稀释至标线，摇匀。

硫代硫酸钠溶液：称取6.25g硫代硫酸钠（$Na_2S_2O_3 \cdot 5H_2O$）溶于煮沸放冷的水中，加入0.2g碳酸钠，用水稀释至1000mL，贮于棕色瓶中，在暗处放置7~14d后标定。

标定：于250mL碘量瓶中，加入50mL水和1g碘化钾，加入10.00mL浓度为0.025mol/L的$K_2Cr_2O_7$标准溶液，5mL(1+5）硫酸溶液，密塞后摇匀，此时反应为：

$$K_2Cr_2O_7+6KI+7H_2SO_4 = 4K_2SO_4+3I_2+Cr_2(SO_4)_3+7H_2O$$

$$I_2+2Na_2S_2O_3 = 2NaI+Na_2S_4O_6$$

于暗处静置5min后，用待标定的$Na_2S_2O_3$溶液滴定至溶液呈淡黄色，加入1mL淀粉指示剂，继续滴定至蓝色刚好退去为止。记录用量V，则可以通过以下公式计算$Na_2S_2O_3$的浓度：

$$C_{\frac{1}{2}Na_2S_2O_3} = \frac{10.00 \times 0.025}{V} \tag{6-1}$$

第五节 实验步骤

一、采样

采用溶解氧瓶进行采样，用虹吸法将细玻璃管插入溶解氧瓶底部，注入水样溢流出瓶容积的1/3~1/2，迅速盖上瓶塞。取样时绝对不能使采集的水样与空气接触，且瓶口不能留有空气泡，否则另行取样，避免该过程产生的误差。

二、溶解氧的固定

其步骤主要分为以下几点：

(1) 取样后，立即用吸量管加入1mL硫酸锰溶液。加注时，应将移液管插入溶解氧瓶的液面下，切勿将吸量管中的空气注入瓶中。

(2) 按上法，再加入2mL碱性碘化钾溶液。

(3) 盖好瓶塞（注意：瓶中绝不可留有气泡），颠倒混合数次，静置。待生成的棕色沉淀降至一半深度时，再次颠倒混合均匀，将溶解氧瓶再次静置，使沉淀又降至瓶内一半。

三、析出碘

轻轻打开瓶塞，立即用移液管插入液面下加入3mL(1+3）硫酸，小心盖好瓶塞，颠倒混合摇匀，至沉淀物全部溶解为止，放于暗处静置5min。

四、滴定

吸取25.00mL上述水样两份，分别放于两只250mL锥形瓶中，用硫代硫酸钠标准溶液滴定至溶液呈淡黄色时，加入1mL淀粉溶液，继续滴定至蓝色刚好退去为止，即为终点，记录硫代硫酸钠溶液用量。

第六节　数据记录与处理

将实验数据记入表6-1中。

表6-1　实验结果记录

水样编号		1号	2号
滴定	滴定管终读数/mL		
	滴定管初读数/mL		
$Na_2S_2O_3$ 标液用量/mL			

通过下式计算水中的溶解氧浓度（mgO_2/L）：

$$溶解氧浓度 = \frac{C \times V \times 8.000 \times 1000}{V_{水}} \tag{6-2}$$

式中　C——硫代硫酸钠标准溶液（$Na_2S_2O_3$）的物质的量浓度，mol/L；

V——硫代硫酸钠标准溶液的用量，mL；

$V_{水}$——水样体积，mL；

8.000——氧的摩尔质量（1/2O），g/mol。

第七节　思考与讨论

（1）在水样中，有时加入 $MnSO_4$ 和碱性KI溶液后，只生成白色沉淀，是否还需继续滴定？为什么？

（2）如果水样中 NO_2^- 的含量大于0.050mg/L，Fe^{2+}的含量小于1mg/L时，测定溶解氧应采用什么方法为好？

（3）碘量法测定水中DO时，淀粉指示剂加入先后次序对滴定有何影响？

参 考 文 献

[1] 毛海亮，祁佳．碘量法测定水中溶解氧影响因素分析［J］．甘肃科技，2015，31（9）：38~39.

[2] 黄菊花．影响水中溶解氧测定的几个重要因素［J］．资源节约与环保，2014（4）：119.
[3] 刘和蓉．水中溶解氧测定方法浅析［J］．科协论坛（下半月），2013（12）：121~123.
[4] 梁秀丽，潘忠泉，王爱萍，等．碘量法测定水中溶解氧［J］．化学分析计量，2008（2）：54~56.
[5] 王琪，袁翠．碘量法测定水中溶解氧方法改进［J］．环境研究与监测，2007（3）：31~33.
[6] 陈浩，苏杭，李庆，等．水中溶解氧的测定［J］．分析科学学报，2005（2）：215~216.
[7] 王吉德，陶蕾，张翼，等．组氨酸-Co（Ⅱ）光度法测定水中溶解氧的研究［J］．环境科学，1999（3）：93~95.
[8] 袁洪志．淀粉试纸比色法测定水中的溶解氧［J］．环境科学与技术，1985（4）：54~55.

第七章　水中氯和溴离子的测定

第一节　实验背景

一、氯离子的存在及可能的危害

氯离子几乎存在于所有的水中，其含量在不同性质的水体中有所差异。海水、苦咸水、生活污水和工业废水中，往往都有大量氯离子，甚至天然淡水水源中也会含有一定的含量。

天然水中氯离子的来源有如下几方面：

(1) 水源流经含有氯化物的地层，产生挟带作用。

(2) 水源受生活污水或工业废水的污染，污染源中的氯离子被掺混进去。

(3) 近海地区的水源受海水的影响。地面水会因潮汐影响或枯水季节使海水倒灌，海洋面上吹来的海风也会挟带氯离子。

(4) 地下水有时会由海水渗入补给，这些都会使氯离子的含量增高。

在其浓度分布方面：山水、溪水的氯离子含量较低，变化范围为几至几十毫克/升。河水和地下水中常会有几十至几百毫克/升的浓度范围。苦咸水中氯离子含量可以高达2000~5000mg/L。海水的氯离子含量更高，可以达到15000~20000mg/L，主要是来自海水中的NaCl。一般来说，氯离子的含量随水中矿物质的增加而增多。

氯离子在水体中，可能会因为一些环境化学变化过程，转化为对人体有害的化学形式。比如在水中加入次氯酸以后，一方面会产生卤代消毒副产物，如三卤甲烷（THMs）或卤乙酸（HAAs）等致癌和致突变的物质；另一方面，水体中过量的氯离子，可能会被氧化剂氧化成氯酸盐（ClO_3^-）。氯酸盐或亚氯酸盐是消毒过程中产生的副产品，如臭氧、二氧化氯等高级氧化工艺的普及，导致水体中多余的氯离子被氧化。氯酸盐具有较强的氧化性，易对饮用水中对人体有用的矿物质造成流逝，进入体内对人体的器官造成影响。另外，还有可能降低血液中氧的传递能力，引发溶血性贫血症等。

国内外也有学者表明：向家鼠胃中灌入亚氯酸盐（亚氯酸钠），剂量为每千克体重1.0mg和0.1mg，染毒时间为6个月，结果表明对肝功能和免疫功能都有影响，导致含硫基团受到抑制，肝脏出现坏死病变，肾和心肌营养不良。亚氯酸盐对于哺乳期的幼崽尤其不利。世界卫生组织还指出，亚氯酸盐属于生成高铁血红蛋白的化合物，在饮用水中的含量标准为200μg/L，国际癌症研究所将亚氯酸盐归入易见的致癌物类中。

二、溴离子的存在及可能的危害

溴离子作为天然水体中一种常见的阴离子，广泛分布，尤其是分布在矿山开采等污染水体中。在水处理工艺过程中，其去除不易被普通的工艺（如混凝—沉淀—过滤）等完成，有极大可能滞留于饮用水中。在消毒过程中，溴离子可能会被氧化形成溴酸盐（BrO_3^-），长期饮用含有溴酸盐的水对人体危害极大。

研究发现，试验鼠在长期服用含有溴酸盐的饮用水后，会大大增加它们得肾癌、甲状腺和腹膜间皮瘤的发病率。因此，国际癌症研究协会认为，溴酸盐可能会增加人类患癌症的概率，将溴酸盐归为2B类致癌物质。

产生风险的主要渠道来源于和人体器官的直接接触。水的消毒有多种方式，有氯消毒、紫外线消毒和臭氧消毒等。现在很多矿泉水都是用臭氧来消毒，矿泉水中通常含有大量的矿物质，矿物质含量越高，其中含有的溴离子（Br^-）也就越高。利用臭氧（O_3）消毒时，臭氧会快速同溴离子反应生成溴酸盐（BrO_3^-）。溴酸盐的产生量与原水中溴离子含量有关，同时，也同臭氧投加量密切相关。臭氧投加量越高，溴酸盐产生量也越高。

总而言之，氯离子和溴离子在水体中无害，但是变为氯酸根和溴酸根以后，对人体致病的风险大为增加并且致病的风险和浓度相关，浓度和风险成正比，有必要掌握水体中 Cl^- 和 Br^- 浓度检测的方法。

第二节 实验目的

（1）掌握摩尔法测定水中 Cl^- 的原理及摩尔法测定的操作方法；

（2）$AgNO_3$ 溶液的标定测定方法；

（3）掌握利用氧化–偶联光度法来测定水中的微量溴离子；

（4）掌握紫外–可见光分光光度计的使用。

第三节 实验原理

一、氯离子的测定

在中性或弱碱性溶液中（pH=6.5~10.5的范围），以铬酸钾 K_2CrO_4 为指示剂，用 $AgNO_3$ 标准溶液直接滴定水中 Cl^- 时，由于 AgCl 的溶解度（8.72×10^{-8}

mol/L）小于 Ag_2CrO_4 的溶解度（3.94×10^{-7}mol/L），根据分步沉淀的原理，在滴定的过程中，首先析出 AgCl 沉淀，到达化学计量点后，稍过量的 Ag^+ 与 CrO_4^{2-} 生成 Ag_2CrO_4 砖红色沉淀，指示滴定终点到达。沉淀滴定反应为

$$Ag^+ + Cl^- = AgCl\downarrow$$

$$2Ag^+ + CrO_4^{2-} = Ag_2CrO_4\downarrow \text{（砖红色）}$$

由于滴定终点时，$AgNO_3$ 的实际用量比理论用量稍多，因此需要以蒸馏水作空白试验扣除。根据 $AgNO_3$ 标准溶液的物质的量浓度和用量计算水样 Cl^- 中的含量。

二、溴离子的测定

测定溴离子的方法是偶联–分光光度法。在 pH=4.4~5 时，用氯胺 T 作氧化剂，将溴离子氧化为游离溴，再与酚红反应生成四溴酚红溶液，其颜色随溴离子含量的增大呈黄绿色至紫色，在 590nm 波长比色测定。

第四节　实验仪器与试剂药品

一、氯离子的测定

（一）实验仪器

50mL 移液管，25mL 酸式滴定管，250mL 锥形瓶。

（二）试剂药品

氯化钠标准溶液（NaCl 浓度为 0.1000mol/L）：将少量 NaCl 放入坩埚中，于 500~600℃下干燥 40~50min。冷却后准确称取 2.923g，用少量蒸馏水溶解，转入 500mL 容量瓶中，并稀释至刻度线。

硝酸银标准溶液（$AgNO_3$ 浓度约为 0.1000mol/L）：称取 16.987g$AgNO_3$ 溶于蒸馏水中并稀释至 1000mL，转入棕色试剂瓶中暗处保存。

硝酸银溶液的标定：吸取 3 份 25mL0.1000mol/LNaCl 溶液，同时吸取 25mL 蒸馏水作空白，分别放入 250mL 锥形瓶中，各加 25mL 蒸馏水和 1mLK_2CrO_4 指示剂，在不断摇动下用 $AgNO_3$ 溶液滴定至出现淡橘红色，即为终点，记录 $AgNO_3$ 溶液用量（V_{1-1}、V_{1-2}、V_{1-3}、V_0）。根据 NaCl 标准溶液的物质的量浓度和 $AgNO_3$ 溶液的体积，计算 $AgNO_3$ 溶液的准确浓度。

5%K_2CrO_4 溶液（指示剂）：称取 5g 铬酸钾溶于 K_2CrO_4 少量水中，用上述 $AgNO_3$ 溶液滴至有红色沉淀生成，混匀，静置 12h，过滤，滤液滤入 100mL 容量瓶中，用蒸馏水稀释至刻度。

二、溴离子的测定

（一）实验仪器

721型分光光度计（紫外–可见光的波长范围），容量瓶。

（二）试剂药品

乙酸–乙酸钠缓冲溶液：称取164g乙酸钠（$CH_3COONa \cdot 3H_2O$）溶于适量纯水中，加84.0mL乙酸（$\rho=1.05g/mL$），用纯水稀释至1L。

酚红溶液：称取0.024g酚红（$C_{19}H_{14}O_5S$）和0.12g碳酸钠（Na_2CO_3）于烧杯中，用纯水溶解，稀释至100mL。

氯胺T溶液（2g/L，需用棕色瓶冷藏保存）：称取0.20g氯胺T（对甲苯磺酰氯胺钠）溶于水中，稀释至100mL。储存于棕色瓶中，冷藏保存。

硫代硫酸钠溶液（25g/L）：称取2.5g硫代硫酸钠（$Na_2S_2O_3 \cdot 5H_2O$）溶于纯水中，稀释至100mL。

溴化物标准储备溶液（0.100mg/mL）通过购买获得，进一步稀释配置成溴化物标准使用溶液（10.00mg/L）待用。

第五节 实验步骤

一、氯离子的测定

（1）吸取50mL水样3份和50mL蒸馏水（作空白试验）分别放入锥形瓶中；

（2）向每个锥形瓶中加入1mL K_2CrO_4溶液，摇匀，在剧烈摇动下用$AgNO_3$标准溶液滴定至刚刚出现淡橘红色，即为终点。记录$AgNO_3$标准溶液用量（V_{2-1}、V_{2-2}、V_{2-3}、V_0）。

二、溴离子的测定

（一）吸光度的确定

吸取10.00mL水样或稀释后取10mL水样于25mL比色管中，加0.50mL乙酸–乙酸钠缓冲溶液，3滴酚红溶液，摇匀。再加入0.40mL氯胺T溶液，立即摇匀。放置1min后（准确计时），加入0.40mL硫代硫酸钠溶液摇匀，使溶液脱氯。放置5min后，用1cm比色皿，以空白试剂作为参比，在590nm波长处，测量吸光度。

（二）标准曲线的绘制

吸取溴化物标准使用溶液0mL、1.00mL、2.00mL、4.00mL、6.00mL、

8.00mL 和 10.00mL 于一系列 25mL 比色管中，用纯水稀释至 10mL。以下操作同样品测试。以比色管中溴化物的含量（mg）为横坐标，吸光度为纵坐标绘制标准曲线。

溴离子浓度的计算通过标准曲线的关系将比色管中溴化物的含量和水样的体积代入后计算得出。

第六节　数据记录与处理

一、氯离子

将实验结果记入表 7-1 中。

表 7-1　氯离子测定实验结果记录

水样测定	V_{2-1}	V_{2-2}	V_{2-3}	V_0
滴定管终读数/mL				
滴定管始读数/mL				
$V(AgNO_3)$/mL				
$V(AgNO_3)$均值/mL				

氯离子浓度（mg/L）计算公式如下：

$$C(Cl^-) = \frac{(V_2 - V_0) \times C \times 35.453}{V_{水}} \times 1000 \tag{7-1}$$

式中 V_2——水样消耗 $AgNO_3$ 标准溶液的体积，mL；

C——$AgNO_3$ 标准溶液的物质的量浓度，mol/L；

V_0——蒸馏水消耗 $AgNO_3$ 标准溶液的体积，mL；

$V_{水}$——水样的体积，mL；

35.453——氯离子（Cl^-）的摩尔质量，g/mol。

二、溴离子

将实验结果记入表 7-2 中。

表 7-2　溴离子测定实验结果记录

水样编号	1 号	2 号	3 号
水样体积 V/mL			
比色管中溴化物含量/$mg \cdot L^{-1}$			
溴离子浓度/$mol \cdot L^{-1}$			

溴离子浓度（mg/L）计算公式如下：

$$C(\mathrm{Br}^-)=\frac{m}{V} \tag{7-2}$$

式中 m——从标准曲线上查得的比色管中溴化物的含量，μg；

V——所取水样的体积，mL。

第七节 思考与讨论

（1）摩尔法测定水中 Cl^- 时，为什么在中性或弱碱性溶液中进行？

（2）以 K_2CrO_4 为指示剂时，指示剂浓度过高或过低对测定有何影响？

（3）用硝酸银标准溶液滴定 Cl^- 时，为什么必须剧烈摇动？

（4）简述在利用分光光度法测定溴离子时，没有经过空白样的测定，会给后续的误差等带来什么样的后果？

参 考 文 献

[1] 郝志宁．水中氯离子的测定方法及其研究进展［J］．环境科学与管理，2016，41（5）：162~164.

[2] 李兆冉，盛彦清，孙启耀，等．溴离子对水体化学需氧量测定的影响［J］．环境工程学报，2015，9（10）：5125~5132.

[3] 张飞，韩翠杰．积分安培检测-离子色谱法同时测定地下水中的溴离子和碘离子［J］．资源调查与环境，2014，35（3）：231~234.

[4] 程明，胡晨燕，章靖，等．管网中的饮用水消毒副产物研究进展［J］．净水技术，2014，33（2）：17~21.

[5] 陈向楠．水溶液中溴离子的测定方法研究［D］．青岛：中国海洋大学，2013.

[6] 安泰莹，文庆珍，朱金华．氯离子测定方法研究进展［J］．河南化工，2013，30（Z2）：8~11.

[7] 徐倩，徐斌，覃操，等．水中典型含氮有机物氯化生成消毒副产物的潜能研究［J］．环境科学，2011，32（7）：1967~1973.

[8] 赵玉丽，李杏放．饮用水消毒副产物：化学特征与毒性［J］．环境化学，2011，30（1）：20~33.

[9] 周少玲，张永．各种氯离子含量测定方法的适用性探讨及新方法的提出［J］．热力发电，2008（7）：75~77.

[10] 董维广．酚红分光光度法测定含碘水体中的溴离子［J］．安徽农业科学，2008（9）：3495，3498.

[11] 赵建莉，王龙．饮用水消毒副产物的危害及去除途径［J］．水科学与工程技术，2008

(1)：51~54.

[12] 李良，王晴，江勇，等．离子色谱法同时测定奶粉中亚硝酸根、硝酸根、氯离子和磷酸根［J］. 理化检验（化学分册），2007（10）：835~837.

[13] 张晓健，李爽．消毒副产物总致癌风险的首要指标参数——卤乙酸［J］. 给水排水，2000（8）：1~6.

[14] 郑肇生，吴和舟，张挺．卤素动力学分析法研究Ⅳ过氧化氢氧化甲基橙催化光度法测定溴离子［J］. 福州大学学报（自然科学版），1993（3）：96~99.

第八章　水体富营养化程度的评价——水体中氮、磷和叶绿素-a含量的测定

第一节　实验背景

富营养化是指在人类活动的影响下，生物所需的氮、磷等营养物质大量进入湖泊、河口、海湾等缓流水体，引起藻类及其他浮游生物迅速繁殖，水体溶解氧量下降，水质恶化，鱼类及其他生物大量死亡的现象。由于人类的活动，将大量工业废水和生活污水以及农田径流中的植物营养物质排入湖泊、水库、河口、海湾等缓流水体后，水生生物特别是藻类将大量繁殖，使生物量的种群种类数量发生改变，破坏了水体的生态平衡。水体富营养化后，即使切断外界营养物质的来源，也很难自净和恢复到正常水平，过多的营养物质促使水域中的浮游植物，如蓝藻、硅藻以及水草的大量繁殖，有时整个水面被藻类覆盖而形成“水华”。许多参数可作为水体富营养化的指标，常用的是总磷、总氮、叶绿素-a 含量和初级生产率等。

富营养化的指标一般采用：水体中氮的含量超过 0.2～0.33mg/L，磷含量大于 0.01～0.02mg/L，生化需氧量大于 10mg/L，pH 值 7～9 的淡水中细菌总数每毫升超过 10 万个，对应的表征藻类数量的叶绿素-a 含量大于 10mg/L。

本实验通过测定天然（或实验室模拟配置）水体中的总氮、总磷、叶绿素来判断水体的富营养化程度。以此判断水体富营养化的趋势。

一、国外水体富营养化污染情况

从 20 世纪初以来，社会经济长足发展，人口急剧增长，大量生活污水、工业污废水未经处理排入湖泊、水库，大大增加了水体中氮、磷营养物质含量。同时，农业中大量化肥农药的施用，也加快了湖泊、水库等水体富营养化进程。富营养化不仅使水体丧失应有的功能，而且使水体生态环境向不利于人类的方向演变，最终严重影响人民生活和社会发展，因而富营养化问题受到了越来越多的国家的关注和重视。

据联合国环境规划署（UNEP）的一项调查表明，在全球范围内 30%～40% 的湖泊、水库存在不同程度的富营养化影响。在调查的 574 个湖泊和水库中，按营养状态分类有 77.8% 的水体属于富营养化，贫营养水体仅占 4.5%，其他

17.7%的为中营养水体。这次调查结果使美国政府对富营养化问题更加关心和重视。进入20世纪90年代以后，水质富营养化问题变得尤为严重，在欧洲统计的96个湖泊水库当中仅有19个处于贫营养状态，80%的水已经处于富营养化状态。在美国，西北部和加拿大交界处的五大湖中伊利湖和安大略湖已经处于富营养化状态，形势十分严峻，在2014年，美国伊利湖边小镇Toledo的城市供水系统就受到了“水华”的冲击，饮用水中富含藻毒素，不能被直接饮用，造成了当地给水安全的一定危机。总体来说，亚洲湖泊污染比欧洲湖泊严重，仅日本的琵琶湖、台湾的日月潭和韩国的八堂湖污染较轻，其余湖泊特别是东南亚发展中国家的湖泊污染较重。亚洲大部分尤其是南部水体的氮、磷浓度偏高，受当地适宜的气候条件影响，存在较严重的富营养化的隐患。

二、国内水体富营养化污染情况

近20年来，我国湖泊富营养化发展速度相当快，尤其是在20世纪70年代以后这个问题开始凸显出来。多年以来的调查结果表明，富营养化湖泊个数占调查湖泊的比例由20世纪70年代末至80年代后期的41%发展到80年代后期的61%，至20世纪90年代后期又上升到77%。水库富营养化的问题也较严重。对全国39个大、中、小型水库的调查结果表明：在所调查的水库中，处于富营养状态的水库个数和库容分别占所调查水库的30.8%和11.2%，处于中营养状态的水库个数和库容分别占所调查水库的3.6%和83.1%。总体而言，水库水质是良好的，但是濒临城市和作为水源的水库也有不少出现了向富营养化演变的趋势，特别是邻近城镇的水库富营养化程度较高，如云南的滇池、江苏的太湖、天津的于桥水库、石河子市的蘑菇水库等几近达到富营养化程度。

三、水体富营养化发生的阶段

（1）水体在营养盐浓度较低，藻类和其他浮游植物的生物量随着营养盐浓度的增加而相应增加的时期，称为响应阶段，这类湖泊水库称为响应型水体，表明富营养化处于发展阶段。

（2）当营养盐浓度超过一定的限度，浮游植物的生产量反而下降或者持平，称为非响应阶段，表明水体的富营养化过程已趋于极限。此时，营养盐浓度达到饱和，生物生产导致水体内部溶解氧浓度急剧减少，限制了生物生产过程。作为富营养化控制因子的氮、磷等，只有在富营养化的响应阶段才起作用。

四、水体中氮磷的来源

水体中氮、磷的输入主要来源于以下3个方面：

（1）工业废水排放。富营养化的水体中含有较多的氮和磷，它们首先来自工业废水。钢铁、化工、制药、造纸、印染等行业的废水中氮和磷的含量都相当高。近年来，工业排放的废水逐年递增。但由于技术与资金的原因，大部分工业废水只经简单处理甚至未经任何处理就直接排入江河等水体中，许多废水中所含的氮、磷等物质也就不断地在水体中逐渐地累积了下来。

(2) 生活污水排放。随着生活水平的提高，人们在日常生活中也产生了大量的生活污水，超过工业废水排放量。生活污水中含有大量富含氮、磷的有机物。其中的磷主要来自洗涤剂，大量的含磷废水被排水管网收集进入生活污水系统。可见，生活污水已逐渐取代工业废水而成为水体富营养化的最大污染源。

(3) 化肥、农药的使用（农业面源污染）。现代农业生产中大量使用化肥、农药，人类在享受它们带来农业丰收的同时，在很大程度上污染了环境。农药、化肥在土壤中残留，同时不断地被淋溶到周围环境，特别是水体中，其中所含的氮、磷就导致了水体富营养化。此外，屠宰场和畜牧场也会有含有较多氮磷的废水进入水体等。

五、富营养化的危害

水体富营养化会对水体的水质造成影响，使水的透明度降低，阳光难以穿透水层，从而影响水中植物的光合作用，还可能造成溶解氧的过饱和状态，对水生动物构成危害，造成鱼类大量死亡等。同时，水体富营养化的水体表面会生长着以蓝藻、绿藻为优势种的大量水藻，形成一层“绿色浮渣”，致使底层堆积的有机物质在厌氧条件下分解产生的有害气体和一些浮游生物产生的生物毒素也会伤害鱼类。再次，因为富营养化的水中含有硝酸盐和亚硝酸盐，人畜长期饮用这些物质含量超过一定标准的水，也会中毒致病，水体富营养化会加速湖泊的衰退，使之向沼泽化发展。如果氮、磷等植物营养物质大量而连续地进入湖泊、水库及海湾等缓流水体，将促进各种水生生物的活性，刺激它们异常繁殖（主要是藻类），这样就带来一系列严重后果：

(1) 藻类在水体中占据的空间越来越大，使鱼类活动的空间越来越小；衰死藻类将沉积塘底，之后伴随有恶臭产生。

(2) 藻类种类逐渐减少，并由以硅藻和绿藻为主转为以蓝藻为主，而蓝藻有不少种有胶质膜，不适于作鱼饵料，而其中有一些种属是有毒的，在死亡后，会持续释放藻毒素，对人体的器官和神经系统造成危害。

(3) 藻类过度生长繁殖，将造成水中溶解氧的急剧变化，藻类的呼吸作用和死亡的藻类的分解作用消耗大量的氧，有可能在一定时间内使水体处于严重缺氧状态，严重影响鱼类的生存。水体富营养化影响水体的利用，水体富营养化现象一旦出现，水就不能被人畜直接利用。大量生物和有机物残体沉积于水的底层，在缺氧情况下，被一些微生物分解，产生甲烷、硫化氢等有害气体。富营养化的水体中还存在能使人畜中毒受害的亚硝酸盐和硝酸盐物质。出现富营养化现象的水体，不仅影响水体的处理和利用，造成水生经济生物（如鱼类、虾类）的损失，而且恢复水体的清洁需要相当长的时间。1987年，巢湖水厂曾因大量藻类堵塞滤池被迫停止运转，造成近亿元经济损失。2007年5月底，一场突如其来的“蓝藻危机”却让太湖边无锡市80%居民的饮用水源遭到污染，城市供水陷于瘫痪状态，给水出现危机。

六、富营养化的预防

蓝藻水华就像是湖泊的慢性疾病一样，完全“治愈”是非常困难的，但可以预防和控制相结合，这也是缓和这个问题的主要方法，把其危害减低到最小。所以进一步研究富营养化爆发的机理是预防与解决该问题的关键。

水华暴发的预防主要通过控制和降低营养盐的浓度来控制水华蓝藻生长，还可以通过科学的监测预报来减小损失。

（一）流域污染源控制

流域污染源控制目的是减少湖泊和水库营养负荷的输入量，主要通过截污工程、污水脱氮除磷等相关技术来实现。对于上游未受到污染和轻度污染的水体，预防的思想非常重要，控制污染源也是可以实现的。对于已经严重富营养化的湖泊水库，减少部分废水的排放不会在短期内改变其富营养化现状。但从长远来看，要想从根本上控制水体的富营养化，就必须严格控制对水体的营养物质输入。

（二）内源营养盐的消减

对于已经严重富营养化的湖泊，可以通过清淤来降低内源营养物质含量，不过对于像滇池、太湖等大型湖泊，清淤工程过于巨大，要耗费巨资，并不是很现实。另一种方法是通过植物净化或者良性藻类繁殖来降低湖水的营养盐浓度。有条件的情况下，可以考虑改善湖泊水库的水循环，加大活水流入量，改善水文条件和冲淡湖水的营养水平，从而抑制藻类的生长。

（三）水华暴发的监测预报

监测包括水华蓝藻及其毒素产生的监测，预报需要藻类生态学和气候学知识的科学综合分析。卫星遥感在湖泊藻类的监测预报方面可以起到重要的作用。水华暴发的科学监测和准确预报可以帮助当地政府和水产经营者做好应急决策，从而尽最大程度减小损失。

七、水体富营养化的治理措施

水体富营养化的形成原因包括无机营养盐和有机物大量输入，水交换能力减弱，水滞留时间延长，摄食压力下降以及二氧化碳等温室气体排放等。其根本原因是营养物质的增加。一般认为主要是磷，其次是氮，可能还有碳、微量元素或维生素等。受控生态系统装置和试验湖区的研究结果表明磷是主要“限制因子”。关于磷负荷和初级生产关系的研究也表明磷的重要性。在氮、磷比低于正常值时，或在某个季节，氮也可能成为限制因子。

人们在对富营养化的治理上采取了很多措施，明确了这些措施对改善水质的作用，但对其作用的程度以及对湖泊利用的影响等方面差异较大。主要有废水处理、排水改道、土地利用、工业产品改进、疏浚、凝聚沉淀处理、深层排水、底泥曝晒与干燥、湖底覆盖、曝气循环、物理方法水位升降、土壤改良、化学方法杀藻剂、除草剂、生物学方法生态系统控制、生物利用等。

这些技术措施，可归纳为以下几大类：

(1) 控制水体中的营养盐水平。控制水体营养盐浓度是传统的富营养化防治措施。对于外源性污染物采取截污、污水改道、污水除磷等措施，而对于内源性污染物可采取清淤挖泥、营养盐钝化、底层曝气、稀释冲刷、调节湖水氮磷比、覆盖底部沉积物及絮凝沉降等措施，控制包括含营养盐、有毒有害化学品等污染物的各类废水进入水体，是水体富营养化防治和管理的重要措施，尤其是有毒有害化学品，根据湖泊水体的功能以及湖泊生态系统的生态学特征，制订切实可行的污染控制方案是富营养化防治的重要措施。

(2) 除藻。用化学药品如硫酸铜控制藻类可能是最古老原始的方法，但是这可能给湖泊的生态和水质带来较为严重的负面影响。化学药品可快速杀死藻类，但死亡藻类所产生二次污染及化学药品的生物富集和生物放大对整个生态系统的负面影响较大，而且长期使用还会产生抗药性。这种方法只有局部治标作用，而且还要考虑残毒问题，因此除非应急和健康安全许可，化学杀藻一般不宜采用。

(3) 生物调控和生物修复。由于过去对富营养化的防治措施都集中在理化方法和工程措施，对利用生态学方法，即从生态系统结构和功能的调整来进行治理很少引人注意。20世纪70年代以来，不少学者强调了生物的作用，还提出了生物调控这一名词，或称生物操纵，这种观点强调的是整个生态系统的管理，从营养物质循环环节来控制富营养化。生物调控是通过重建生物群落以得到一个有利的响应，常用于减少藻类生物量，保持水质清澈并提高生物多样性。主要是采用鱼类种群的下行调控，如增加食鱼性鱼类或减少食浮游动物或食底栖动物鱼类，以保证有充分的浮游动物等来控制藻类，也有直接利用食藻鱼控制蓝藻水华的。

(4) 生态工程和生态修复。越来越多的研究显示位于水体和陆地生态系统之间的生态交错带具有过滤功能、缓冲器功能，它不仅可吸附和转移来自面源的污染物、营养物，改善水质，而且可截留固定颗粒物，减少水体中的颗粒物和沉积率，同时湿地可以提供生物繁育生长栖息地。对于保护生物多样性、减少洪水危害、保持水土等具有重要意义，而且在湖泊周边建立和修复水陆交错带，是整个湖泊生态系统恢复的重要组成部分。

生态工程是修复富营养化湖泊生态系统的重要工具，用生态工程可以改善富营养化湖泊的局部水质，修复局部生态系统。但是全湖治理富营养化、控制藻类暴发、恢复健康的湖泊生态系统，仍然是一个世界性难题，尤其是对于大湖，全面恢复健康的生态系统需要相当长的时间。

(5) 综合处理方法。对污水进行三级处理（包括物理学、化学和生物学方法）的效果也不错，但其费用较高，在发展中国家广泛采用还有困难；而对于非点源污染，采用土地利用（包括氧化塘处理、土地处理等）是一个比较经济的方法，但要求有土地条件。当水源比较充足有合理水源可利用时，可进行换水、稀释，带出氮、磷物质以及藻类，但这种方法只是转移了污染源，而没有进行实质性治理。在这些技术措施中，还可以结合工艺改革、改进产品等，减少废水中磷的含量。如改用磷酸盐的代用品，农业上合理控制施肥。

第二节 实验目的

(1) 测定某一天然水体（或实验室模拟废水）中磷的含量（总磷）；

(2) 测定某一天然水体（或实验室模拟废水）中氮的含量（总氮和氨态氮）；

(3) 测定某一天然水体中叶绿素-a 的含量，熟悉叶绿素-a 的检测方法；

(4) 用以上参数综合评价水体中的营养状况。

第三节 实验原理

一、水体中总磷的测定

正磷酸盐离子（PO_4^{3-}）可与钼锑抗试剂（即混合试剂）反应，生成一种称为钼蓝的有色物质，然后根据钼蓝的深浅计算出正磷酸盐离子的含量。

二、水体中氮的测定

(一) 总氮的测定

当样品与浓硫酸和硫酸钾的混合物（沸点 315~370℃）在催化剂硫酸铜或硫酸汞存在时，一起加热，其中的有机氮和氨态氮转化为硫酸铵。然后加入 NaOH 溶液使之成碱性，蒸馏使氨释放出来并以硼酸吸收，然后用硫酸滴定硼酸铵，确定总氮的含量。

(二) 氨氮的测定

氨氮的测定采用水杨酸–分光光度法，其原理为在碱性条件（pH = 11.7）和亚硝基铁氰化钠存在下，水中的氨、铵离子与水杨酸盐和次氯酸离子反应生成蓝色化合物，在 697nm 处用分光光度计测量吸光度，通过换算得到氨氮的含量。

三、水体中叶绿素-a 的测定

测定水体中叶绿素-a 的含量，可估算到该水体中绿色植物（如藻类）的物质量，先将水体中的绿色植物与水分开，再用 90%丙酮溶液或 90%的乙醇溶液（考虑到丙酮的毒性，采用乙醇可以进行更为安全的实验）萃取色素，测量萃取液的吸光度值，即可测得叶绿素的含量。

第四节　实验仪器与试剂药品

一、总磷的测定

(一) 实验仪器

溶解氧测定仪 1 套，可见分光光度计 1 套，生化需氧量瓶，过滤装置，吸量管，量筒，容量瓶，离心管，试管，离心机，水样混合器。

(二) 试剂药品

过硫酸铵，18mol/L H_2SO_4（浓硫酸），2mol/L NaOH，2mol/L HCl，酚酞，丙酮水溶液。

总磷测定混合试剂：将 50mL 2mol/L 配置好的 H_2SO_4，5mL 半脱水酒石酸锑钾溶液（1.37g/500mL），15mL4%钼酸铵溶液和 30mL 0.1mol/L 抗坏血酸，按所列顺序加入混合（现用现配，不宜使用放置时间长的试剂，可能导致实验结果有较大偏差）。

二、总氮的测定

此法测得的总氮包括了有机氮和原来即以氨态存在的氮，但不包括硝酸盐或亚硝酸盐形式存在的氮，有机氮中的某些化合物如含氮的杂环化合物、吡啶、叠氮化合物、偶氮化合物、硝基和亚硝基化合物等也未包括在内。以此法测定的总氮称之为凯氏（Kjeldagl）氮，即 TKN。

(一) 实验仪器

可调温电炉两台（600W 或类似规格）、凯氏烧瓶及凯氏蒸馏装置。

（二）试剂药品

浓硫酸，50%NaOH 溶液，10%$CuSO_4$ 溶液，4%硼酸溶液，0.020mol/L H_2SO_4 标准溶液。

无水硫酸钾（K_2SO_4）或无水硫酸钠（Na_2SO_4），使用前在烘箱里面烘干 3~4h，待用。

混合指示剂：取 0.05g 甲基红和 0.10g 溴甲酚绿溶于 100mL 乙醇中；1%酚酞的乙醇溶液；4%$Na_2S \cdot 9H_2O$ 溶液；蒸馏水：将普通蒸馏水酸化后加入 $KMnO_4$ 进行蒸馏，并重复蒸馏一次，以使其中不含有任何铵盐或氨，以免带来较大的实验偏差。

三、氨氮的测定

（一）实验仪器

紫外-可见光分光光度计，容量瓶（1000mL）。

（二）试剂药品

1. 铵标准储备液的配制

称取 3.8190g 经 100~105℃ 干燥过 2h 的氯化铵（NH_4Cl，优级纯）溶于水中，定容至 1000mL 容量瓶中，待用。此溶液每毫升含 1.00mg 氨氮。

2. 铵标准使用液的配制

吸取 10.00mL 氨标准储备液于 100mL 的容量瓶中，定容至刻度线，即为氨标准中间液（可稳定 1 周）。吸取 10.00mL 铵标准中间液于 1000mL 容量瓶中，稀释至刻度线，即为氨标准使用液。此溶液每毫升含 1.00μg 氨氮，临用现配。

3. 显色液的配制

称取 50g 水杨酸［$C_6H_4(OH)COOH$］，加入约 100mL 水，再加入 160mL 2mol/L 氢氧化钠溶液，搅拌使之完全溶解。另称取 50g 酒石酸钾钠（$KNaC_4H_6O_6 \cdot 4H_2O$）溶于水中，与上述溶液合并移入 1000mL 容量瓶中，稀释至标线。存放于棕色玻璃瓶中，本试剂可稳定 1 个月。

注：若水杨酸未能全部溶解，可再加入数毫升 2mol/L 氢氧化钠溶液，直至完全溶解为止，用 1mol/L 的硫酸调节溶液的 pH 值在 6.0~6.5。

4. 次氯酸钠溶液的配制

取市售的次氯酸钠溶液，经标定后，用氢氧化钠溶液稀释成含有效氯浓度为 3.5g/L，游离碱浓度为 0.75mol/L（以 NaOH 计）的次氯酸钠溶液。存放于棕色滴瓶内。

5. 亚硝基铁氰化钠溶液

称取 0.1g 亚硝基铁氰化钠｛$Na_2[Fe(CN)_5NO] \cdot 2H_2O$｝置于 10mL 具塞比

色管中，加水至标线。本试剂可稳定1个月。

四、叶绿素的测定

（一）实验仪器

分光光度计，电子天平（最小称量值为0.01g或更低），研钵，棕色容量瓶，小漏斗，定量滤纸，吸水纸，擦镜纸，滴管。

（二）试剂药品

90%乙醇（或丙酮），石英砂，碳酸钙粉。

第五节 实验步骤

一、总磷测定的实验步骤

（1）将地表水样取回（或以实验室预先配置好的模拟生活废水），分别准确量取6份100mL（3份测总磷用，另3份测有效磷用），另外量取蒸馏水100mL2份（对照）。

（2）供测总磷的水样需加1mL18mol/L H_2SO_4（浓硫酸）和0.8g过硫酸铵，微沸1h，并加蒸馏水使水体积达25~50mL，冷却后备用。供测有效磷的水样可直接按照以下步骤操作。

（3）上述备用溶液和对照溶液，加1滴酚酞溶液（由实验室预先配置好），并用2mol/LNaOH溶液中和至呈微粉红色。再滴加2mol/L HCl，使粉红色刚好退去，再定容至100mL，备用。

（4）加入1.0mL总磷测定混合试剂，混合后放置10min后（待反应完全），在可见光分光光度计上，于700nm处读取吸光度（A_x），将加了1.0mL混合试剂的对照溶液作为参比溶液（空白）。

（5）预先用4.39gKH_2PO_4配置成1L溶液，即含磷1000mg/L的磷标准储备溶液，然后以配好的标准储备液制备几个含磷0.1~1.0mg/L的磷标准溶液，按上述步骤（4）处理，以吸光度和浓度分别为纵坐标和横坐标，制得标准曲线。并对标准曲线进行统计处理，求得相关方程式及相关系数等。

（6）水体中磷的浓度以每升水中含磷的质量（mg/L）来表示，在实验纸上记录下数据。

二、总氮的实验测定步骤

这部分实验的操作可分为消化、蒸馏和滴定三个步骤。

（1）消化步骤。准确量取一定体积（以含氮0.5~10mg为宜）的废水水样置于凯氏烧瓶，加入10mL浓硫酸、5g硫酸钾或硫酸钠、1mL硫酸铜溶液，并放入几块沸石，将凯氏烧瓶以45°的角度固定于通风橱内加热煮沸，烧瓶内将产生白烟。继续煮沸，烧瓶中颜色逐渐变黑，直至溶液完全透明呈无色或浅绿色。再继续煮沸20min。

(2) 蒸馏步骤。将凯氏烧瓶冷却，以约150mL蒸馏水冲洗烧瓶壁，加入2.5mL硫化钠溶液和3~5滴酚酞，然后缓慢沿壁加入50mL NaOH溶液尽量使其不与烧瓶内液体混合。立刻将烧瓶按图所示安装到蒸馏装置上去（事先安装好含50mL硼酸的吸收瓶），小心转动烧瓶使烧瓶内的两层液体混合并开始加热。煮沸20~30min或在不使用蒸气发生器时蒸发至烧瓶内液体体积减少至约原体积的1/3时，停止蒸馏。

(3) 滴定步骤。卸下吸收瓶，加入几滴混合指示剂，以0.02mol/L（1/2H_2SO_4）滴定至溶液变为紫色。

(4) 空白试验。用同样体积蒸馏水代替废水水样，按上述步骤作空白试验。

(5) 计算实验结果。总氮（mmol/L）的计算公式如下：

$$总氮=(V_1-V_0)\times C\times 14000/V \tag{8-1}$$

式中 V_1——滴定样品消耗的标准硫酸溶液的体积，mL；

V_0——滴定空白试验消耗的标准硫酸溶液的体积，mL；

C——硫酸标准溶液的准确浓度，mol/L；

V——样品水样的取样体积，mL；

14000——每摩尔氮的质量，mg。

三、氨氮的测定步骤

（一）校准曲线的绘制

吸取0mL、1.00mL、2.00mL、4.00mL、6.00mL、8.00mL铵标准使用液于10mL比色管中（标液添加量较少的，需用水稀释至5~8mL，并充分混匀），加入1.00mL显色液和2滴亚硝基铁氰化钠溶液，混匀。再滴加2滴次氯酸钠溶液，稀释至刻度线，充分混匀（将比色管倒置，振荡管尾部分，放正，再倒置，如此反复三次，其他摇匀均遵照此操作）。放置1h后（冬季室温若较低，建议开启空调使室温稳定在22~25℃，比色时间延长至1.5h），在波长697nm处，用光程为10mm的比色皿，以水为参比，测量吸光度。

由测得的吸光度，减去空白组的吸光度后，得到校正吸光度，绘制以氨氮含量（μg）对校正吸光度的校准曲线。

（二）水样的测定

分取适量经预处理的水样1mL（为使氨氮含量不超过8μg，可酌情稀释或加入少于1mL的水样）至10mL比色管中，与校准曲线相同操作，进行显色和测量吸光度。

（三）空白试验

以无氨水代替水样，按样品测定相同步骤进行显色和测量。

（四）结果的表示

由水样测得的吸光度减去空白试验的吸光度后，从校准曲线上查得氨氮含量（μg）。氨氮含量（mg/L）计算公式如下：

$$氨氮（N，mg/L）=\frac{mX}{V} \tag{8-2}$$

式中　m——由校准曲线查得的氨氮量，μg；

X——水样的稀释倍数；

V——水样体积，mL。

四、叶绿素测定的实验步骤

（1）取500mL水样，经玻璃纤维滤器过滤。

（2）将滤器取下，卷成香烟状，放入离心管中（2mL），加入15mL 90%丙酮溶液（或90%乙醇溶液，如需用到90%丙酮溶液，需要在通风橱中进行操作），塞住瓶塞，并放置在4℃的冰箱中24h（暗处，避光保存）。

（3）若萃取液浑浊，则需加以离心，以获得上清液。

（4）将萃取液混匀后倒入1cm玻璃比色皿中（颜色浅时可用2cm比色皿），分别在665nm和750nm处测量吸光度，从在665nm处所得的吸光度A_{665}中减去在750nm处所得的A_{750}，即$A=A_{665}-A_{750}$。这里750nm处的A_{750}是用以校正萃取液的浑浊程度的。

（5）向上述比色皿中加入1滴2mol/L HCl，混匀并放置1min，再测量在665nm和750nm处的吸光度，并将两值相减，即$A_a=A_{665}-A_{750}$，以剩余的值作为叶绿素-a以外的色素的吸光度。

（6）用下式来计算叶绿素-a的浓度（μg/L）：

$$叶绿素\text{-a}的浓度=29(A-A_a)\times萃取液体积（mL）/样品体积（L） \tag{8-3}$$

这里A是酸化前在665nm处已校正过的吸光度值，A_a是酸化后在665nm处已校正过的吸光度值，记录数据于实验纸上，实验中测2~3组平行样，计算标准偏差。

第六节　数据记录与处理

一、总磷的测定

将总磷的测定数据记入表8-1和表8-2中。

表 8-1 标准曲线的绘制

磷的标准溶液/mL	0.00	0.50	1.0	1.50	2.00	2.50	3.00
吸光度							

表 8-2 水样的吸光度

名 称	水样一	水样二	水样三
吸光度			

二、总氮的测定

将总氮的测定数据记入表 8-3 和表 8-4 中。

表 8-3 标准曲线的绘制

硝酸钾标准使用液/mL								
吸光度（220nm）								
吸光度（375nm）								

表 8-4 水样的吸光度

名 称	水样一	水样二	水样三
吸光度			
V_1/mL			
V_0/mL			
水样的体积/mL			
总氮的含量/mg · L^{-1}			

三、氨氮的测定

将氨氮的测定数据记入表 8-5 中。

表 8-5 水样的吸光度

名 称	水样一	水样二	水样三
吸光度			
水样的体积/mL			
氨氮的含量/mg · L^{-1}			

四、叶绿素的测定

将叶绿素的测定数据记入表 8-6 中。

表 8-6 水样的吸光度

名 称	水样一	水样二	水样三
A			
A_a			
萃取液体积/mL			
样品体积/L			
叶绿素含量/$\mu g \cdot L^{-1}$			

第七节 思考与讨论

（1）根据磷和叶绿素-a 的结果，问该水体的营养状态如何？

（2）为什么磷是一种常见的限制性营养物？什么是水域中磷的主要来源？

（3）依重要性大小顺序，除磷之外，还有什么主要的限制性营养物？它们的主要来源是什么？

（4）分析在富营养化水体中氨氮的主要来源，解释其和总氮的关系。

（5）按照实验结果，根据相关的指标，分析待测水样富营养化爆发的风险。

参 考 文 献

[1] 王保勤，窦艳艳，张雪璐．影响地表水中总磷测定的因素探讨［J］．环境监控与预警，2017，9（2）：38~40.

[2] 董静，高云霓，李根保．淡水湖泊浮游藻类对富营养化和气候变暖的响应［J］．水生生物学报，2016，40（3）：615~623.

[3] 孙庆．水质监测中氨氮测定的影响因素分析［J］．资源节约与环保，2015（12）：65.

[4] 何勇凤，李昊成，朱永久，等．湖北长湖富营养化状况及时空变化（2012-2013 年）［J］．湖泊科学，2015，27（5）：853~864.

[5] 潘忠成．HJ636-2012 测定总氮时空白值偏高原因分析［A］．中国环境科学学会（Chinese Society For Environmental Sciences）．2015 年中国环境科学学会学术年会论文集（第一卷）［C］．中国环境科学学会（Chinese Society For Environmental Sciences）：2015：6.

[6] 张垒，李秋华，黄国佳，等．亚热带深水水库——龙滩水库季节性分层与富营养化特征分析［J］．环境科学，2015，36（2）：438~447.

[7] 郑丙辉．“十二五”太湖富营养化控制与治理研究思路及重点［J］．环境科学研究，2014，27（7）：683~687.

[8] 高廷进，李秋华，孟博，等．贵州高原水库汞的分布特征及其对富营养化的响应［J］．中国环境科学，2014，34（5）：1248~1257.

[9] 邓翔宇．水质监测中氨氮测定的影响因素分析［J］．资源节约与环保，2014（4）：123~124.

[10] 张振华，高岩，郭俊尧，等．富营养化水体治理的实践与思考——以滇池水生植物生态修复实践为例［J］．生态与农村环境学报，2014，30（1）：129~135.
[11] 朱素华，冯家望．钼酸铵分光光度法测定水中总磷方法的改进［J］．河南科技，2013（15）：212~213.
[12] 吴在兴．我国典型海域富营养化特征、评价方法及其应用［D］．青岛：中国科学院研究生院（海洋研究所），2013.
[13] 秦伯强，高光，朱广伟，等．湖泊富营养化及其生态系统响应［J］．科学通报，2013，58（10）：855~864.
[14] 张红，吕富，吕林兰，等．浮游植物叶绿素a含量测定方法的比较及优化［J］．海洋科学，2012，36（10）：1~4.
[15] 张丽彬，王启山，徐新惠，等．乙醇法测定浮游植物叶绿素a含量的讨论［J］．中国环境监测，2008，24（6）：9~10.
[16] 郭姿珠．水体中总氮测定方法的研究［D］．长沙：中南大学，2008.
[17] 冯菁，李艳波，朱擎，等．浮游植物叶绿素a测定方法比较［J］．生态环境，2008（2）：524~527.
[18] 郭姿珠，邓飞跃，雍伏曾．水中总氮测定方法的改进［J］．中国给水排水，2007（22）：82~84.
[19] 秦伯强，王小冬，汤祥明，等．太湖富营养化与蓝藻水华引起的饮用水危机——原因与对策［J］．地球科学进展，2007（9）：896~906.
[20] 张丰如，吴馥萍，梁奇峰．水体中总磷测定的影响因素研究［J］．分析科学学报，2006（3）：361~362.
[21] 童昌华．水体富营养化发生原因分析及植物修复机理的研究［D］．杭州：浙江大学，2004.
[22] 王有利．松花湖富营养化现状及其防治对策的探讨［D］．长春：吉林大学，2004.

第九章 沉积物中腐殖质的提取及表征

第一节 实验背景

腐殖物质（humic substance，HS）是自然环境中广泛存在的一类高分子、含有多种官能团的聚电解质，它是动、植物残体通过生物、非生物的降解、缩合等各种作用形成的天然有机质，其组成复杂、没有统一的结构，但是一般而言有一个芳香环核心，其周围有许多直链和支链的结构通过醚键、酯键及其他共价键联系在一起。其中在组成上主要以富里酸（fulvic acid，FA）和腐殖酸（humic acid，HA）为主，还有一定含量的腐黑物（Humin）。腐殖物质广泛存在于土壤、河流、湖泊以及海洋中，地球表面的腐殖物质的总量已达 1.5×10^{6}kg。在水环境中，河水中腐殖质的平均含量为 10～50mg/L。底泥腐殖质含量更为丰富，占底泥含量的 1%～3%。

腐殖质结构中含有大量的羰基、酚羟基等基团，与金属离子、矿物胶和非腐殖化有机物相互作用形成一个复杂的体系，从而严重影响这些物质的环境行为，如有机物的化学降解、光解、挥发、迁移及生物吸收。腐殖质具有芳香框架和极性基团，可以兼含疏水和亲水吸附位置。腐殖质中疏水基可以与低溶解性或疏水性的非极性有机化合物结合，这种结合机理称为疏水分配作用。研究表明腐殖质对环境中的碳循环、饮用水处理过程中消毒副产物的生成以及土壤中矿物组成和土壤肥力有非常重要的影响。因此只有从水和沉积物中分离出游离态的腐殖质，才能对其结构、化学性质和功能进行详细的研究。

沉积物中腐殖质的定量提取、分离与纯化是对腐殖质进行研究的前提，而目前，据报道提取土壤及沉积物中腐殖质的方法有很多，包括有机溶剂提取、无机溶剂提取和有机/无机溶剂混合提取法。传统焦磷酸钠法最大的问题在于，仅利用硫酸分离腐殖酸和富里酸，另外分离过程需在温度为 80℃ 的条件下进行，该方法提取出来的腐殖质纯度不够，腐殖酸和富里酸分离不完全，丙酮、DMSO、Pyridine、二氧杂环已烷等有机溶剂提取的腐殖质提取产率低，提取的多为分子质量小的有机质，且部分有机提取剂最终很难与有机质分离，由于缺少标准方法，在以往的研究中，沉积物腐殖质的提取方法各有不同，提取剂、提取液剂量、提取次数、纯化方法的选择各有特点，使得研究的数据可比性较低。

在过去几十年中国际腐殖质协会（IHSS）在建立一种从土壤、沉积物和水环境中分离腐殖质的标准方法上做出了巨大的努力。IHSS 推荐的 NaOH 法能将土壤及沉积物中活性有机质（在植物根系和微生物作用下可以释放的有机质）较为完全地提取出来，从而可以更全面地表征土壤活性机质的特性，并且对大多数类型的土壤都适用，可作为一种在实验室内和实验室之间相互比较的一种标准方法。通过联合树脂进行纯化，以获得全面的、高纯度腐殖酸及富里酸。

第二节　实验目的

（1）掌握腐殖酸和富里酸提取分离及纯化方法。

（2）了解利用红外光谱、紫外光谱、三维荧光光谱等手段对提取的腐殖酸和富里酸进行表征。

（3）了解腐殖酸和富里酸在水体底泥中的环境化学意义及其在水体自净中的作用。

第三节　实验原理

腐殖酸本身不溶于水，它的钾、钠、铵等一价盐则溶于水，而钙、镁、铁铝等多价离子盐类的溶解度大大降低，腐殖酸及其盐类通常呈棕色至黑色。而富里酸有相当大的水溶性，且呈溶胶状态，强酸性，其一价及二价金属离子盐均溶于水；富里酸能与铁、铜、锌、铝等形成配合物，在中性和碱性条件下则产生沉淀。土壤及沉积物中的腐殖质由难溶于水的钙离子、镁离子、铁离子、铝离子等配合的腐殖酸，易溶于水的钾、钠等离子结合的腐殖质，以及极少量游离态存在的腐殖质等组成。采用 NaOH 法提取腐殖质，在强碱性条件下沉积物中难溶于水和溶于水的结合态的腐殖质能被具有极强的配合能力的 NaOH 配合，形成易溶于水的腐殖质钠盐，从而比较完全地将腐殖质提取到溶液中来，反应式如式（9-1）所示。

$$2R\left\{\begin{array}{l}\left.\begin{array}{l}COO\\COO\end{array}\right>Ca\\\left.\begin{array}{l}COO\\COO\end{array}\right>Mg\end{array}\right. + 4NaOH \longrightarrow 2R\left\{\begin{array}{l}COONa\\COONa\\COONa\\COONa\end{array}\right. + Mg(OH)_2 + Ca(OH)_2 \quad (9\text{-}1)$$

第四节　实验仪器与试剂药品

一、实验仪器

真空干燥箱，冷冻干燥机，蠕动泵，玻璃层析柱（10mm×10mm，30mm×30mm），摇床，紫外可见光分光光度计，石英比色皿，傅里叶红外光谱仪，玛瑙研钵，压片机，三维荧光光谱仪，低速离心机，高速离心机，pH 计。

二、试剂药品

（1）XAD-8 大孔树脂。

（2）1mol/L HCl。准确量取 84mL 优级纯的浓 HCl 置于 1000mL 容量瓶中，用超纯水稀释至刻度即可。

（3）0.1mol/L 盐酸。准确量取 8.4mL 优级纯的浓 HCl 置于 1000mL 容量瓶中，用超纯水稀释至刻度即可。

（4）1mol/L 氢氧化钠。称取 40g 分析纯的氢氧化钠固体，将其用一定量的超纯水溶于小烧杯中，冷却至室温后，转移至 1000mL 烧杯中，稀释至刻度即可。

（5）0.1mol/L HCl/0.3mol/L HF 溶液。分别准确量取 2.1mL 浓 HCl 和 3.3mL 浓 HF 置于小烧杯中，用少量超纯水稀释混合均匀，后转移至 250mL 容量瓶中，稀释至刻度即可。将配制好的混合溶液置于聚乙烯瓶中密封保存。

（6）$AgNO_3$ 溶液。称取 1.7g 硝酸银溶于 100mL 水中，混合均匀后贮于棕色瓶内备用（如有混浊需过滤）。

（7）透析袋。

第五节　实验步骤

一、样品预处理

首先将采集的底泥离心分离，冷冻干燥，将干燥好的底泥中树根及石子去除，过 10 目（1.651mm）标准筛。

二、提取腐殖酸和富里酸

实验步骤具体如下：

（1）在室温下，准确称取干燥土壤样品 5g，向土壤样品中加入 25mL 超纯水，使固液比为 1：5，用 1.0mol/L HCl 调节 pH 值至 1，然后向固液混合物中加入 0.1mol/L HCl 溶液，使最终固液比为 1g 干土/10mL 液体，放置于摇床连续振荡 1h，利用低速离心机分离上清液和固体，保存上清液Ⅰ（富里酸提取物 1）和酸洗沉积物样品。

（2）向酸洗沉积物样品中通入氮气 15min 以排除溶解氧，腐殖酸在中性和碱性条件下易被溶解氧氧化改变其本身性质，向混合物中持续通入氮气，在氮气保护下，加入一定量 1.0mol/L NaOH 溶液中和剩下的残留，使固液混合物的 pH 值为 7，然后加 0.1mol/L NaOH 溶液，使最终溶液中固液比为 1∶10。固液混合物隔绝空气持续振荡 4h，在此期间通氮气 3 次，每次 15min，以排除溶解氧的影响，然后让碱性悬浮液放置过夜后通过离心得上清液Ⅱ和残渣，丢弃残渣。

（3）在氮气保护下，向上清液Ⅱ加 6mol/L HCl 使溶液 pH 值为 1.0，磁力搅拌 30min 后，静置 12~16h，使富里酸和腐殖酸充分分离，随后离心分离，即得上清液Ⅲ为富里酸提取物 2，沉淀为腐殖酸。

三、纯化腐殖酸

实验步骤具体如下：

（1）在氮气保护下，向腐殖酸沉淀中加入 0.1mol/L NaOH 使其完全溶解后立即停止加入 NaOH，记录所消耗 NaOH 的体积，而后加入 NaCl 固体，使溶液中 Na^+ 为 0.3mol/L，高速（10000r/min）离心，快速将上清液Ⅳ和沉淀分离，丢弃沉淀，向上清液Ⅳ中迅速加入 6mol/L HCl，使其酸化至 pH = 1，搅拌 30min，静置 24h，离心后去除上清液，沉淀即为无杂酸的腐殖酸。

（2）向沉淀中加入 0.1mol/L HCl/0.3mol/L HF 溶液中，使固液比为 1∶20，振荡过夜，离心分离，得沉淀。重复此步骤 2~3 次，即得无硅腐殖酸。

（3）向无硅腐殖质中加入超纯水，使之为泥状后转至透析袋中，透析 48~72h，期间换 2~3 次透析溶液，对透析袋外的溶液进行硝酸银检测以判断是否含有氯离子，如果有氯化银沉淀出现，则继续更换透析袋外超纯水，搅拌 24h 后，再次测定，直至检测不出氯离子。

（4）将透析袋中泥状腐殖酸转至烧杯后，置于真空干燥箱，40℃干燥 6h 后得到固体粉末即为纯化后的腐殖酸，称重，将结果记录在表 9-1。

四、纯化富里酸

实验步骤具体如下：

（1）将 XAD-8 大孔吸附树脂使用前用 0.1mol/L NaOH 溶液浸洗，并在索氏提取器中采用 1∶1 丙酮和正己烷混合物提洗 24h，最后储存在 1∶1 甲醇和水的混合物中。将计算好的 XAD-8 树脂装入玻璃层析柱中，用大量蒸馏水冲洗，再分别使用 1L0.1mol/L NaOH 和 1L0.1mol/L HCl 交替冲洗 3 次，最后用蒸馏水冲洗到 pH 值为 7。

（2）将上清液Ⅰ以每小时 15 倍床体积的速度通过 XAD-8 大孔吸附树脂，树脂体积为 0.75mL（每 1g 初始干土壤对 0.15mL 树脂），丢弃出水。用 0.65 倍柱体积的超纯水冲洗吸附富里酸的 XAD-8 柱子，然后用 1 倍柱体积的 0.1mol/L NaOH冲洗柱子，再用 2~3 倍柱体积的超纯水冲洗柱子，接液，立即用 6mol/L HCl 将溶液酸化至 pH = 1，加入浓 HF 溶液，使体系中氢氟酸的最终浓度为 0.5mol/L，溶液中务必使富里酸全部溶解，得富里酸 A。

（3）将上清液Ⅲ通过 XAD-8 大孔吸附树脂，树脂体积为 15mL（每克沉积物样品对应 2.0~3.0mL 树脂），冲洗速度为每小时 15 床体积，出水是否接液依其颜色而定（若基本无色则无须接液，若出水颜色较深则需要接液），待上清液Ⅲ全部通过树脂后，丢弃出水。用 0.65 倍柱体积的超纯水冲洗吸附富里酸的 XAD-8 树脂，然后用 1 倍柱体积的 0.1mol/L NaOH 冲洗柱子，然后用 3~4 倍柱体积的超纯水冲洗柱子，接液。立即用 6mol/L HCl 将溶液酸化至 pH = 1，加入浓 HF 溶液，使体系中氢氟酸的最终浓度为 0.5mol/L，溶液中富里酸全部溶解，得富里酸 B；若上清液Ⅲ通过 XAD-8 后出水颜色较深，则需将上清液Ⅲ的出水再次通过 XAD-8 吸附树脂，每 1g 沉积物样品对应 1.0~2.0mL 树脂，按处理富里酸 A 的步骤来进行洗涤和酸化，得富里酸 C；若上清液Ⅲ通过 XAD-8 后出水基本无色或颜色较浅则弃液。

（4）将富里酸 A 和 B 或富里酸 A、B 和 C 洗涤液收集混合，将其通过 XAD-8 吸附树脂，吸附柱体积为样品体积的 1/5，用体积为 0.65 倍柱体积的蒸馏水漂洗树脂，等于柱体积的 0.1mol/L NaOH 溶液洗涤吸附树脂，再用 2 倍柱体积的蒸馏水漂洗，将洗涤液通过 2~3 倍溶液中 Na^+物质的量的饱和的 732 强酸苯乙烯阳离子交换树脂，接液，冷冻干燥提取物即可得到纯化后的富里酸，称重，将结果记录在表 9-1。

五、腐殖酸和富里酸的表征

腐殖酸和富里酸的表征方法有：

（1）红外光谱。将腐殖酸和富里酸分别称取 0.01g，与 KBr 在红外灯下的研钵中研磨，样品与 KBr 的比例约为 1∶100，压片后进行红外光谱样品采集。

（2）紫外光谱。称适量腐殖酸和富里酸，分别将其溶于超纯水中，其中腐殖酸加适量 NaOH 溶液帮助溶解。以超纯水为参比，在波长 200~700nm 范围内扫描，得到不同波长下的吸光度，以波长对吸光度作图。

（3）三维荧光光谱。称取适量腐殖酸和富里酸，分别将其溶于超纯水中，其中腐殖酸加适量 NaOH 溶液帮助溶解。以超纯水作为空白校正，其中富里酸的激发波长范围为 200~450nm，发射波长范围为 250~550nm；腐殖酸的激发波长范围为200~400nm，发射波长范围为250~550nm，得到三维荧光图谱。

第六节　数据记录与处理

将实验结果记入表9-1中。

表9-1　沉积物及提取物质量

序　号	沉积物质量/mg	腐殖酸质量/mg	富里酸质量/mg
1			
2			
3			

第七节　注 意 事 项

（1）在中和调节溶液pH值时，必须不断用玻璃棒搅拌溶液，然后用玻璃棒蘸一下溶液放在pH试纸上，看其颜色。pH值必须严格控制。

（2）如果沉积物中含有较高浓度的高价态金属阳离子，则溶液被中和时可形成不溶的腐殖酸金属盐。因此要用稀释的盐酸进行渗析直至所有高价态金属阳离子的浓度都有显著降低。

第八节　思考与讨论

（1）环境中的腐殖物质对重金属污染的迁移转化起什么作用？

（2）腐殖酸和富里酸在外观上有何区别？

参 考 文 献

［1］Stevenson，F. J. Humus Chemistry［M］. 2nd Ed. New York：，Wiley，1994.

［2］马连刚，肖保华．土壤腐殖质提取和分组综述［J］．矿物岩石地球化学通报，2011，30（4）：465~471.

［3］李学垣．土壤化学［M］．北京：高等教育出版社，2001.

［4］刘亚子，高占启．腐殖质提取与表征研究进展［J］．环境科技，2011，24（S1）：76~80.

［5］曲风臣．土壤腐殖酸分级、表征及其光化学作用研究［D］．大连：大连理工大学，2006.

第十章　纳米磁性 Fe_3O_4 的制备及对 Cr(Ⅵ) 的吸附

第一节　实验背景

随着大量含铬废水的排放，Cr(Ⅵ) 已经成为全球重要的重金属污染物之一，广泛存在于水体、土壤等环境介质中。由于 Cr(Ⅵ) 具有高毒性和强迁移性，因此各国对排放的废水、渔业水域水质、农田灌溉水质、地面水以及饮用水的铬含量，均有严格规定。我国已把 Cr(Ⅵ) 规定为实施总量控制的指标之一，并规定工业排放的废水中 Cr(Ⅵ) 最高浓度为 0.5mg/L，总铬的最高浓度为 1.5mg/L，且不得用稀释法代替必要的处理；生活饮用水中铬含量不得超过 0.05mg/L。

Cr(Ⅵ) 的处理方法主要包括化学沉淀法、离子交换法、电解法和吸附法等。化学沉淀法分为钡盐沉淀法和还原沉淀法两类。钡盐沉淀法是利用固态碳酸钡与铬酸发生反应，形成溶度积比碳酸钡小的铬酸钡，从而除去废水中的六价铬。还原沉淀法是通过投加还原剂（亚硫酸钠、亚硫酸氢钠等）将废水中六价铬还原成三价铬，然后投加碱类调节剂使得三价铬变成 $Cr(OH)_3$ 而沉淀下来，达到除去水中铬离子的目的。化学沉淀法原料的来源比较昂贵，过滤装置容易堵塞。离子交换法是以离子交换剂作为吸附材料，通过离子交换、物理吸附和电荷中和等物理化学过程共同作用来吸附水溶液中铬离子。离子交换法几乎可以完全去除含铬废水中的铬离子，但是其最大缺点是树脂材料费用很高，且吸附材料选择性低，经常吸附不必要处理的物质而造成树脂的浪费。电解法是利用铁板作为阳极和阴极，通过铁阳极产生的亚铁离子在酸性条件下把六价铬还原成三价铬。通过阳极析出 H_2，使得溶液 pH 值不断升高，三价铁离子和三价铬离子通过氢氧化物沉淀而析出，从而去除水中铬离子。电解法处理铬离子操作管理便捷，处理效果好，但是电解极板容易腐蚀和损耗，通常钝化问题也比较严重。吸附法是一种简单易行的废水处理技术，一般适合于处理量大、浓度较低的水处理体系。该方法是以具有高比表面积、不溶性的固体材料作吸附剂，通过物理吸附作用、化学吸附作用或离子交换作用等机制将水中的砷污染物固定在自身的表面上，从而达到除铬的目的。常用的吸附材料主要包括活性炭、沸石、硅藻膨润土等。活性炭吸附法是重金属铬废水处理中应用较为普遍的一种吸附方法。因为活性炭具有巨大的比表面积以及发达的微孔结构，这种结构对铬兼有吸附和还原两种作用。虽然活性炭对铬的吸附能力较强，处理效果好，但是活性炭材料较贵且使用寿命短，大规模应用受到了一定的限制。因此对吸附材料的改进和研发成为含铬废水处理中的研究热点。

在当代电气化和信息化社会中，磁性材料的应用非常广泛。Fe_3O_4 作为一种多功能磁性材料，在肿瘤的治疗、微波吸收材料、催化剂载体、细胞分离、磁记录材料、磁流体、医药等领域均已有广泛的应用，其具有良好的发展前景。作为一种新兴的吸附材料，纳米 Fe_3O_4 具有许多优点，例如比表面积大和反应活性高等特性，尤其是利用其磁性容易进行分离回收。而在吸附法除铬技术中，制备高效的吸附剂是关键，纳米 Fe_3O_4 吸附容量大，且在外加磁场的作用下实现固液分离，使用方便而备受关注。目前，用于制备纳米 Fe_3O_4 方法较多，如中和沉淀法、沉淀氧化法、水热反应法、化学共沉淀法等。各种方法各有利弊但以化学共沉淀法最简洁，该法是将铁盐和亚铁盐溶液按一定比例混合，选用适当的沉淀剂进行沉淀制备纳米磁性 Fe_3O_4。

第二节　实 验 目 的

(1) 学会共沉淀法制备纳米磁性 Fe_3O_4 的原理及操作。

(2) 学会分光光度计的使用。

(3) 研究不同 pH 条件下的吸附等温线、吸附动力学以及 pH 值对 Cr(Ⅵ) 吸附的影响。

第三节　实 验 原 理

采用化学共沉淀法制备纳米磁性 Fe_3O_4 是将二价铁盐和三价铁盐溶液按一定比例混合，将碱性沉淀剂快速加入至上述铁盐混合溶液中，搅拌、反应一段时间即得纳米磁性 Fe_3O_4 粒子，其反应式如下：

$$Fe^{2+}+2Fe^{3+}+8OH^{-}\longrightarrow Fe_3O_4+4H_2O$$

纳米磁性 Fe_3O_4 吸附就是利用纳米磁性 Fe_3O_4 的固体表面对水中一种或多种物质的吸附作用。吸附作用产生于两个方面：一是由于纳米磁性 Fe_3O_4 与内部吸附质分子通过分子间力产生的吸附，成为物理吸附；另一个是由于纳米磁性 Fe_3O_4 与被吸附物质间的化学作用，此为化学吸附。纳米磁性 Fe_3O_4 是上述两种吸附综合作用的结果。当纳米磁性 Fe_3O_4 在溶液中的吸附速度和解吸相等时，即单位时间内纳米磁性 Fe_3O_4 吸附的数量等于解吸的数量时，被吸附物质在溶液中的浓度和纳米磁性 Fe_3O_4 表面的浓度均不再变化，而达到了平衡，此时的动态平衡称为纳米磁性 Fe_3O_4 吸附平衡，而此时被吸附物质在溶液中的浓度称为平衡浓度。纳米磁性 Fe_3O_4 的吸附能力以吸附量 Q 表示：

$$Q=\frac{V(C_0-C_e)}{M} \tag{10-1}$$

式中　Q——纳米磁性 Fe_3O_4 吸附量；

C_0——吸附前溶液中铬的浓度，g/L；

C_e——吸附后溶液中铬的浓度，g/L；

V——溶液体积，L；

M——纳米磁性 Fe_3O_4 投加量，g。

本实验在含铬的水溶液中加入纳米磁性 Fe_3O_4，模拟纳米磁性 Fe_3O_4 对 Cr（Ⅵ）的吸附实验。

第四节　实验仪器与试剂药品

一、实验仪器

分光光度计，红外光谱仪，高速离心机，超声波清洗器，电子天平，PHS-3C 酸度计，新艺 SB-5200D 超声波清洗机，超纯水机，烧杯，容量瓶，移液管，玻璃棒，移液管，锥形瓶，强力吸附磁铁，离心管。

二、试剂药品

（1）3.5mol/L 氨水：量取 13.13mL 浓氨水（25%）置于 50mL 容量瓶中，用水稀释至标线，摇匀。

（2）（1+1）硫酸溶液：将硫酸（H_2SO_4，$\rho=1.84$g/mL，优级纯）缓缓计入到同体积的水中，混匀。

（3）（1+1）磷酸溶液：将磷酸（H_3PO_4，$\rho=1.69$g/mL，优级纯）与水等体积混合。

（4）铬标准储备液：称取于 110℃ 干燥 2h 的重铬酸钾（$K_2Cr_2O_7$，优级纯）（0.2829±0.0001）g，用水溶解后，移入 1000mL 容量瓶中，用水稀释至标线，摇匀。此溶液 1mL 含 0.10mgCr(Ⅵ)。

（5）铬标准溶液：称取 5.00mL 铬标准储备液置于 500mL 容量瓶中，用水稀释至标线，摇匀。此溶液 1mL 含 1.00μg 六价铬。使用当天配制此溶液。

（6）显色剂：称取二苯碳酰二肼（$C_{13}H_{14}N_4O$）0.2g，溶于 50mL 丙酮中，加水稀释至 100mL，摇匀。贮于棕色瓶，置冰箱中。色变深后，不能使用。

显色剂也可以按以下法配制：称取 4.0g 苯二甲酸酐（$C_8H_4O_3$），加到 80mL 乙醇中，搅拌溶解（必要时可用水溶微温），加入 0.5g 二苯碳酰二肼，用乙醇稀释至 1000mL。此溶液于暗处可保存 6 个月。使用时要注意加入显色剂后立即摇匀，以免 Cr(Ⅵ) 被还原。

第五节　实验步骤

一、磁性纳米 Fe_3O_4 的制备

（1）准确称取 1.35g 氯化铁，1.39g 硫酸亚铁，使 $Fe^{2+}/Fe^{3+}=1:2$，分别溶于 5.0mL、10.0mL 超纯水中。

（2）$FeCl_3$ 溶液缓慢倒入 $FeSO_4$ 溶液中，70℃超声条件下逐滴加入 20～30mL3.5mol/L 氨水（将溶液 pH 值分别控制在 11 左右），反应 30min；利用强力吸附磁铁将生成的磁性纳米 Fe_3O_4 固定在容器底部，丢弃上层溶液，使用蒸馏水将沉淀反复洗涤直至出水为中性。

（3）转入 50℃干燥箱，烘干得到磁性纳米 Fe_3O_4。

二、红外光谱分析

合成的磁性纳米 Fe_3O_4 样品与 KBr 在红外灯下的研钵中研磨，样品与 KBr 的比例约为 1：100，压片后进行红外光谱样品采集。将所采集的红外图谱与 Fe_3O_4 标准红外图谱（图 10-1）进行对比，以确定所制备的材料为 Fe_3O_4。

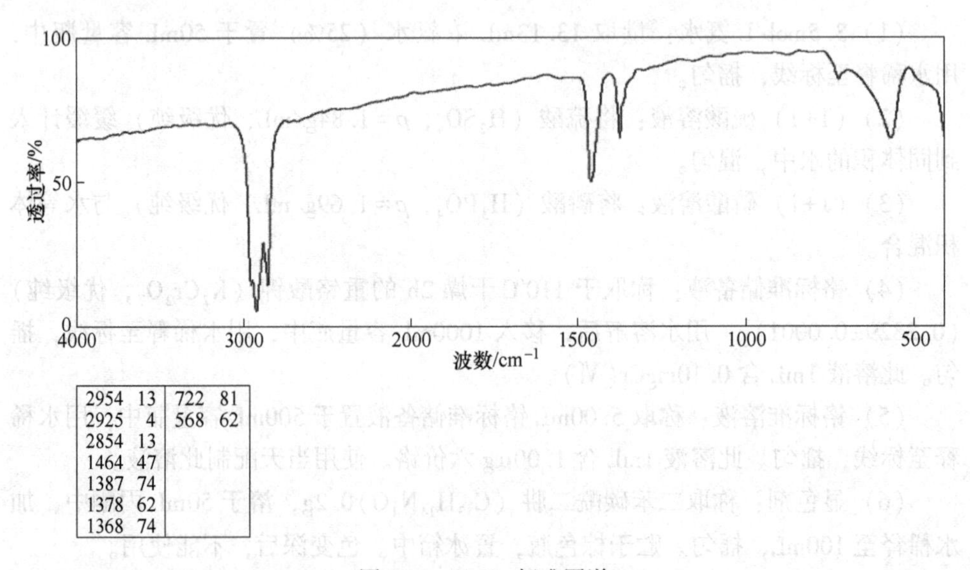

2954	13	722	81
2925	4	568	62
2854	13		
1464	47		
1387	74		
1378	62		
1368	74		

图 10-1　Fe_3O_4 标准图谱

三、Cr(Ⅵ) 标准曲线的制作

分别移取 0.00mL、0.20mL、0.50mL、1.00mL、2.00mL、4.00mL、6.00mL、8.00mL 和 10.00mL 铬标准溶液于 50mL 比色管中，加超纯水定容至刻度线。加入 0.5mL 硫酸溶液和 0.5mL 磷酸溶液，摇匀。加入 2mL 显色剂，摇匀。5~10min 后，在 540nm 波长处，用 10mm 或 30mm 的比色皿，以试剂做参比，测定吸光度，以测定吸光度对 Cr(Ⅵ) 的浓度作图，绘制标准曲线，将结果记录在表 10-1。

四、样品中 Cr(Ⅵ) 的测定

取适量样品（含 Cr(Ⅵ) 少于 50μg）于 50mL 比色管中，加超纯水定容至刻度线。加入 0.5mL 硫酸溶液和 0.5mL 磷酸溶液，摇匀。加入 2mL 显色剂，摇匀。5~10min 后，在 540nm 波长处，用 10mm 或 30mm 的比色皿，以试剂做参比，测定吸光度。从标准曲线查得 Cr(Ⅵ) 的含量。

五、不同 pH 值下 Cr(Ⅵ) 的吸附等温线

（1）记录室温。分别准确称取 0.01g 磁性纳米 Fe_3O_4 粉末于 3 个 50mL 小烧杯中，加入 5.00mL 铬标准溶液，再加入 45.00mL 超纯水，分别用 NaOH 和 HCl 溶液使其 pH 值分别为 3、7、11。

（2）用封口胶封口并用锡箔纸包好后，放置于磁力搅拌器上搅拌 2h，放置 10min 后，转入 5.0mL 离心管中离心分离 3min(3000r/min)，按照与步骤四相同的方法测定吸光度。

（3）改变初始铬标准溶液投加量分别为 1.00mL，2.00mL，8.00mL，10.00mL，分别加入超纯水 49.00mL，48.00mL，42.00mL，40.00mL，重复上述（1）、（2）操作，计算在不同初始浓度下，达到吸附平衡时的吸附量。

六、动力学实验

（1）准确称取 0.01g 磁性纳米 Fe_3O_4 置于 50mL 小烧杯中。另准确移取 10.00mL 铬标准溶液于 50mL 容量瓶中，用超纯水定容。将配置好的含铬溶液倒入小烧杯中，用 NaOH 和 HCl 溶液调节 pH 值，使其 pH 值为 3.00±0.01，将小烧杯用锡箔纸包好，在避光条件下进行吸附实验。

（2）每隔一段时间取样一次，每次取样 5.00mL，共取 9 次样（即分别在 t= 0min、5min、15min、20min、30min、40min、60min、90min、120min 时取样），根据吸光度计算溶液中 Cr(Ⅵ) 的残留浓度和样品吸附量，将结果记录在表 10-3。

第六节　数据记录与处理

一、数据记录

将实验结果记入表 10-1 中。

表 10-1　Cr(Ⅵ) 标准曲线的绘制

加入使用液体积/mL	0.0	0.2	0.5	1.0	2.0	4.0	6.0	8.0	10.0
标准溶液 Cr(Ⅵ) 浓度/mg·L^{-1}									
吸光度									

线性回归方程：＿＿＿＿＿＿＿；相关系数：＿＿＿＿＿＿＿

二、红外图谱对比分析

将所制备材料的红外图谱与 Fe_3O_4 红外标准图谱进行对比分析，找到材料的特征峰，将其与标准物质的特征峰进行对比，以鉴别材料是否为 Fe_3O_4。

三、不同 pH 值下 Cr(Ⅵ) 的吸附等温线

在给定的模拟废水体系中，达到平衡时的吸附量与溶液中物质平衡浓度及温度有关系，在 T 固定的条件下（T 表示温度），当吸附达到平衡时，样品的吸附量 Q 与溶液中溶质平衡时浓度 C_e 之间的关系可以用吸附等温线来表示。最常见的吸附模型主要有 Langmuir 模型和 Freundlich 模型，它们的表达式分别为式（10-2）和式（10-3）：

$$Q_e = Q_m bC_e/(1 + bC_e) \quad 或 \quad \frac{1}{Q_e} = \frac{1}{Q_m b} \times \frac{1}{C_e} + \frac{1}{Q_m} \tag{10-2}$$

$$Q_e = K_f C_e^{\frac{1}{n}} \tag{10-3}$$

式中　Q_e——不同平衡浓度时的吸附量，mg/g；

C_e——Cr(Ⅵ) 的平衡浓度，mg/L；

Q_m——最大吸附量，mg/g；

n——吸附等温线的线性程度；

b——吸附常数。

按 Langmuir 等温吸附模型进行线性拟合，提取 $1/Q_e$ 和 $1/C_e$，以 $1/Q_e$ 对 $1/C_e$ 作图是一条直线，斜率为 $1/(Q_m b)$，截距为 $1/Q_m$ 可以确定各个参数，将结果记录在表 10-2。

按 Freundlich 等温吸附模型进行线性拟合，提取 $\ln Q_e$ 和 $\ln C_e$，以 $\ln Q_e$ 对

$\ln C_e$ 作图是一条直线，斜率为 n，截距为 $\ln k$ 的直线，从而可以确定各个参数，将结果记录在表 10-2。

表 10-2 等温线吸附拟合

温度/℃	Freundlich				Langmuir			
	线性方程	R^2	n	$\ln k$	线性方程	R^2	Q_m	b

四、动力学实验分析

将动力学实验结果记入表 10-3。

表 10-3 动力学实验结果

取样时间/min	0	5	15	20	30	40	60	90	120
溶液中 Cr(Ⅵ) 的残留浓度/mg·L^{-1}									
样品吸附量/mg·g^{-1}									

吸附过程的动力学研究主要是用来描述吸附剂吸附溶质的速率，吸附速率决定了在固-液界面上吸附质的滞留时间，用吸附法处理水中 Cr(Ⅵ) 时有必要对此进行研究。本实验利用准一级和准二级动力学模型来进行纳米磁性氧化铁对 Cr(Ⅵ) 吸附动力学研究。

准一级动力学模型见式（10-4）：

$$\lg(q_e - q_t) = \lg q_e - k_1 t \tag{10-4}$$

可变形为式（10-5）：

$$q_t = q_t(1 - e^{-k_1 t}) \tag{10-5}$$

式中 q_t——时间 t 时的吸附量；

q_e——平衡吸附量；

k_1——一级吸附速率常数。

以变形后公式中的 q_t 和 t 作图，并对其进行非线性拟合，得到相关系数 R，根据 R^2 的大小来判断吸附过程是否符合该动力学模型。

准二级动力学模型见式（10-6）：

$$\frac{t}{q_t} = \frac{1}{k_2 q_e^2} + \frac{1}{q_e} t \tag{10-6}$$

式中 q_t——时间 t 时的吸附量；

q_e——平衡吸附量；

k_2——二级吸附速率常数。

对 t/q 和 t 进行线性拟合求得相关系数 R^2 的大小以此判断符合程度。

第七节　注 意 事 项

（1）所有玻璃器皿内壁须光洁，以免吸附铬离子。不得用重铬酸钾洗液洗涤，可用硝酸、硝酸混合液或合成洗涤剂，洗涤后要冲洗干净。

（2）在实验过程中注意避光，以免光化学反应对 Cr(Ⅵ) 形态的影响。

第八节　思考与讨论

（1）可见分光光度法测定水中铬的优缺点各是什么？

（2）测定时常见的干扰因素有哪些？怎样消除？

参 考 文 献

[1] 中华人民共和国国家标准水质 GB 7467—87 六价铬的测定二苯碳酰二肼分光光度法 [S].
[2] 喻德忠，蔡汝秀，潘祖亭．纳米级氧化铁的合成及其对六价铬的吸附性能研究 [J]. 武汉大学学报（理学版），2002（2）：136~138.
[3] 马岩岩．重金属铬污染的处理方法研究进展 [J]. 能源与环境，2017（6）：48~49.

第十一章　大气中臭氧的测定及性质

第一节　实验背景

臭氧（O_3）又称为超氧，是氧气（O_2）的同素异形体，臭氧是地球大气中一种微量气体，它是由于大气中氧分子受太阳辐射分解成氧原子后，氧原子又与周围的氧分子结合而形成的，含有3个氧原子，臭氧又会与氧原子、氯或其他游离性物质反应而分解消失，由于这种反复不断的生成和消失，臭氧含量可维持在一定的均衡状态。在常温下，它是一种有特殊臭味的淡蓝色气体。大气中90%以上的臭氧存在于大气层的上部或平流层，离地面有10~50km，这才是需要人类保护的大气臭氧层。还有少部分的臭氧分子徘徊在近地面，仍能对阻挡紫外线有一定作用。虽然臭氧在平流层起到了保护人类与环境的重要作用，但臭氧又是一种光化学氧化剂，在阳光照射下可将工厂、汽车排放到大气中的 NO_x、SO_2、H_2S 及烃类等化合物进一步氧化形成新的污染物即光化学烟雾，如醛类、过氧乙酸硝酸醋（PAN）以及硝酸雾和硫酸雾等。臭氧国家二级标准为0. 16mg/m^3，臭氧浓度在10~20mg/m^3，尚且无不良反应；但是达到50mg/m^{3}后，将刺激鼻、咽喉黏膜；当70mg/m^{3}时，口干舌燥、咳嗽；人类长时间接触高浓度的臭氧（100mg/m^{3}以上）会诱发许多疾病，主要表现在以下几个方面：

（1）刺激呼吸道，引发肺泡膜发炎，损伤肺功能；

（2）损伤神经中枢、头晕脑胀，视力、记忆力下降，意识障碍；

（3）维生素E被大量破坏，导致皮肤长黑斑。

臭氧对常见农作物生理生化的影响表现在根茎生成生长受到抑制，叶绿素浓度降低、叶片黄化、叶片减少，农作物产量减少等各个方面。因此臭氧被视为重要的空气污染物之一，其浓度也是大气环境监测的重要内容之一。国家“十三五”生态环境保护规划中提出深入实施《大气污染防治行动计划》，对于臭氧浓度保持稳定，力争改善。到2020年，京津冀及周边地区臭氧浓度基本稳定；到2020年，长三角区域臭氧浓度基本稳定；大力推动珠三角区域实现大气环境质量基本达标，统筹做好臭氧污染防控。

臭氧很不稳定，在常温常压下，具有很强的氧化能力，是一种强氧化剂，臭氧除了金和铂等个别金属外，几乎对所有的金属都有氧化腐蚀作用，特别是对铝、锌、铜、铅等金属的氧化作用尤为明显。由于臭氧强氧化能力很容易打断烯烃类有机物的碳链结合键，导致不饱和的有机分子的破裂，对塑料、橡胶等非金属材料也有强烈的腐蚀老化作用，导致材料变硬变脆，甚至开裂，尤其是在阳光强烈、高温干燥气候下尤为严重。

臭氧浓度测定方法中最常用的是碘化钾法、硼酸碘化钾吸光光度法和靛蓝二磺酸钠分光光度法。靛蓝二磺酸钠分光光度法测定大气中的臭氧，选择性好，有较好的精密度、准确度。其吸收液稳定，操作简便，干扰少。空气中的二氧化氮可使臭氧的测定结果偏高，空气中氯气、二氧化氯的存在使臭氧的测定结果偏高。但在一般情况下，这些气体的浓度很低，不会造成显著误差。

第二节　实验目的

（1）掌握靛蓝二磺酸钠分光光度法测定环境空气中臭氧含量的原理和方法；
（2）熟练掌握滴定操作；
（3）熟练掌握采样仪器和分光光度计的操作。

第三节　实验原理

空气中的臭氧在磷酸盐缓冲剂存在下，被蓝色的靛蓝二磺酸钠吸收后，生成无色的靛红二磺酸钠，在610nm处测量吸光度，根据颜色减弱的程度比色定量，反应方程式见式（11-1）：

$$\text{靛蓝二磺酸钠}(SO_3Na\text{-}C_{16}H_8N_2O_2\text{-}SO_3Na)\,(\text{蓝色}) + 2O_3 \longrightarrow 2\,SO_3Na\text{-}C_8H_4NO_2\,(\text{无色}) + 2O_2 \tag{11-1}$$

第四节　实验仪器与试剂药品

一、实验仪器

空气采样器（流量范围0.0～1.0L/min，流量稳定。使用时，用皂膜流量计校准采样系统在采样前和采样后的流量，相对误差应小于±5%），多孔玻板吸收管（内装10mL吸收液，以0.50L/min流量采气，玻板阻力应为4～5kPa，气泡分散均匀），具塞比色管（10mL），生化培养箱或恒温水浴（温控精度为±1℃）水银温度计（精度为±0.5℃），分光光度计（带20mm比色皿，可于波长610nm

处测量吸光度)，臭氧发生器，紫外臭氧分析仪。

二、试剂药品

（1）溴酸钾标准储备溶液（$C(1/6KBrO_3)$ = 0.1000mol/L）：准确称取1.3918g溴化钾（优级纯，180℃烘2h），置烧杯中，加入少量水溶解，移入500mL容量瓶中，用水稀释至标线。

（2）溴酸钾-溴化钾标准溶液（$C(1/6KBrO_5)$ = 0.0100mol/L）：吸取10.00mL溴酸钾标准储备溶液于100mL容量瓶中，加入1.0g溴化钾（KBr），用水稀释至标线。

（3）硫代硫酸钠标准储备溶液（$C(Na_2S_2O_3)$ = 0.1000mol/L）：称取16g无水硫代硫酸钠固体，溶于1L蒸馏水中，并加热煮沸10min，冷却，避光两周后过滤备用。

（4）硫代硫酸钠标准工作溶液（$C(Na_2S_2O_3)$ = 0.00500mol/L）：临用前，取硫代硫酸钠标准储备溶液用新煮沸并冷却到室温的水准确稀释20倍。

（5）硫酸溶液（体积比为1∶6）。

（6）淀粉指示剂溶液（2.0g/L）：称取0.20g可溶性淀粉，用少量水调成糊状，慢慢倒入100mL沸水，煮沸至溶液澄清。

（7）磷酸盐缓冲溶液（$C(KH_2PO_4\text{-}Na_2HPO_4)$ = 0.050mol/L）：称取6.8g磷酸二氢钾（KH_2PO_4）、7.1g无水磷酸氢二钠（Na_2HPO_4），溶于水，稀释至1000mL。

（8）靛蓝二磺酸钠（$C_{16}H_8O_8Na_2S_2$，简称IDS）：分析纯、化学纯或生化试剂。

（9）IDS标准储备溶液：称取0.25g靛蓝二磺酸钠溶于水，移入500mL棕色容量瓶内，用超纯水稀释至标线，摇匀，在室温暗处存放24h后标定。此溶液在20℃以下暗处存放可稳定2周。

标定方法：准确吸取20.00mLIDS标准储备溶液于250mL碘量瓶中，加入20.00mL溴酸钾-溴化钾溶液，再加入50mL水，盖好瓶塞，在（16±1）℃生化培养箱（或水浴）中放置至溶液温度与水浴温度平衡时，加入5.0mL硫酸溶液，立即盖塞、混匀并开始计时，于（16±1）℃暗处放置35min±1.0min后，加入1.0g碘化钾，立即盖塞，轻轻摇匀至溶解，暗处放置5min，用硫代硫酸钠溶液滴定至棕色刚好退去呈淡黄色，加入5mL淀粉指示剂溶液，继续滴定至蓝色消退，终点为亮黄色。记录所消耗的硫代硫酸钠标准工作溶液的体积。

每毫升靛蓝二磺酸钠溶液相当于臭氧的质量浓度C(μg/mL)计算公式见式(11-2)：

$$C = \frac{C_1V_1 - C_2V_2}{V} \times 12.00 \times 10^3 \tag{11-2}$$

式中　C——每毫升靛蓝二磺酸钠溶液相当于臭氧的质量浓度，μg/mL；

C_1——溴酸钾-溴化钾标准溶液的浓度，mol/L；

V_1——加入溴酸钾-溴化钾标准溶液的体积，mL；

C_2——滴定时所用硫代硫酸钠标准溶液的浓度，mol/L；

V_2——滴定时所用硫代硫酸钠标准溶液的体积，mL；

V——IDS 标准储备溶液的体积，mL；

12.00——臭氧的摩尔质量（$1/4O_3$），g/mol。

（10）IDS 标准工作溶液：

将标定后的 IDS 标准储备液用磷酸盐缓冲溶液逐级稀释成每毫升相当于 1.00μg 臭氧的 IDS 标准工作溶液，此溶液于 20℃以下暗处存放可稳定 1 周。

（11）IDS 吸收液：取适量 IDS 标准储备液，根据空气中臭氧质量浓度的高低，用磷酸盐缓冲溶液稀释成每毫升相当于 2.5μg（或 5.0μg）臭氧的 IDS 吸收液，此溶液于 20℃以下暗处可保存 1 个月。

第五节　实验步骤

一、样品的采集与保存

用内装 10.00mL±0.02mL IDS 吸收液的多孔玻板吸收管，罩上黑色避光套，以 0.5L/min 流量采气 5~30L。当吸收液褪色约 60%时（与现场空白样品比较），应立即停止采样。样品在运输及存放过程中应严格避光。当确信空气中臭氧的质量浓度较低，不会穿透时，可以用棕色玻板吸收管采样。样品于室温暗处存放至少可稳定三天。

二、现场空白样品

用同一批配制的 IDS 吸收液，装入多孔玻板吸收管中，带到采样现场。除了不采集空气样品外，其他环境条件保持与采集空气的采样管相同。每批样品至少带两个现场空白样品。

三、绘制校准曲线

取 10mL 具塞比色管 6 支，按表 11-1 配制标准色列。

表 11-1　标准色列配制

序　号	1	2	3	4	5	6
IDS 标准溶液/mL	10.00	8.00	6.00	4.00	2.00	0.00
磷酸盐缓冲溶液/mL	0.00	2.00	4.00	6.00	8.00	10.00
臭氧质量浓度/$\mu g \cdot mL^{-1}$	0.00	0.20	0.40	0.60	0.80	1.00

各管摇匀，用20mm 比色皿，以超纯水作参比，在波长610nm 下测量吸光度。以校准系列中零浓度管的吸光度（A_0）与各标准色列管的吸光度（A）之差为纵坐标，臭氧质量浓度为横坐标，用小二乘法计算校准曲线的回归方程，见式（11-3）并将结果记录在表11-2 中。

$$y = bx + a \tag{11-3}$$

式中　y——空白样品的吸光度与各标准色列管的吸光度之差，$y=A_0-A$；

x——臭氧质量浓度，μg/mL；

b——回归方程的斜率，吸光度・mL/μg；

a——回归方程的截距。

四、样品测定

采样后，在吸收管的入气口端串接一个玻璃尖嘴，在吸收管的出气口端用吸耳球加压将吸收管中的样品溶液移入25mL 容量瓶中，用水多次洗涤吸收管，使总体积为25. 0mL。用20mm 比色皿，以水作参比，在波长610nm 下测量吸光度，计算臭氧浓度，并将结果记录在表11-3。

第六节　数据记录与处理

一、臭氧标准曲线的绘制

表11-2　臭氧标准曲线的绘制

序　号	1	2	3	4	5	6
IDS 标准溶液/mL	10. 00	8. 00	6. 00	4. 00	2. 00	0. 00
磷酸盐缓冲溶液/mL	0. 00	2. 00	4. 00	6. 00	8. 00	10. 00
臭氧质量浓度/μg・mL^{-1}	0. 00	0. 20	0. 40	0. 60	0. 80	1. 00
吸光度 A						
吸光度 y（$y=A-A_0$）						

线性回归方程：＿＿＿＿；相关系数：＿＿＿＿

二、样品测定

空气中臭氧的质量计算公式见式（11-4）：

$$C(O_3) = \frac{(A_0 - A - a)V}{bV_0} \tag{11-4}$$

式中　C（O_3）——空气中臭氧的质量浓度，mg/m^3；

A_0——现场空白样品吸光度的平均值；

A——样品的吸光度；

b——标准曲线的斜率；

a——标准曲线的截距；

V——样品溶液的总体积，mL；

V_0——换算为标准状态的采样体积，L。

所得结果精确至小数点后三位。

表 11-3 样品中臭氧的测定

<table>
<tr><td rowspan="2">项目</td><td colspan="2">样品 1</td><td colspan="2">样品 2</td><td rowspan="3">空白
吸光度</td><td>1</td><td></td></tr>
<tr><td>1</td><td>2</td><td>1</td><td>2</td><td>2</td><td></td></tr>
<tr><td>采样体积/L</td><td></td><td></td><td></td><td></td><td>平均值</td><td></td></tr>
<tr><td>标准体积/L</td><td></td><td></td><td></td><td></td><td colspan="2" rowspan="4">IDS 浓度/μg · mL^{-1}</td><td rowspan="4"></td></tr>
<tr><td>吸光度</td><td></td><td></td><td></td><td></td></tr>
<tr><td>浓度/mg · m^{-3}</td><td></td><td></td><td></td><td></td></tr>
<tr><td>平均浓度/mg · m^{-3}</td><td></td><td></td><td></td><td></td></tr>
</table>

第七节 注 意 事 项

（1）空气中二氧化硫、硫化氢、过氧乙酰硝酸酯和氟化氢浓度高于 750μg/m^3、110μg/m^3、1800μg/m^3 和 2.5μg/m^3 时，干扰臭氧的测定。空气中氯气、二氧化氯的存在使臭氧的测定结果偏高。但在一般情况下，这些气体的浓度很低，不会造成显著误差。

（2）采样管材料应选择抗强氧化的材料，如玻璃、聚四氟乙烯、聚偏二氟乙烯；不锈钢材料也尽量少用，以减少采样管中臭氧损耗。采样管应尽量短。

（3）采样管要定期清洗、吹干。不清洁的采样管会使测量值偏低很多。

（4）市售 IDS 不纯，作为标准溶液使用时必须进行标定。用溴酸钾-溴化钾标准溶液标定 IDS 的反应，需要在酸性条件下进行，加入硫酸溶液后反应开始，加入碘化钾后反应即终止。为了避免副反应使反应定量进行，必须严格控制培养箱（或水浴）温度（16℃±1℃）和反应时间（35min±1.0min）。一定要等到溶液温度与培养箱（或水浴）温度达到平衡时再加入硫酸溶液，加入硫酸溶液后应立即盖塞，并开始计时。滴定过程中应避免阳光照射。

（5）本方法为褪色反应，IDS 吸收液的体积直接影响测量的准确度，所以装入采样管中吸收液的体积必须准确，最好用移液管或移液枪加入。采样后向容量瓶中转移吸收液应尽量完全（少量多次冲洗）。

第八节 思考与讨论

（1）靛蓝二磺酸钠分光光度法与其他测定臭氧的方法相比有何优缺点？

（2）臭氧检测中的其他气体干扰如何消除？

（3）对流层中臭氧对环境有何危害？

参 考 文 献

[1] HJ 504—2009. 中华人民共和国国家环境保护标准［S］.

[2] 杨丽香，孙润泰，杨慧芳．采用靛蓝二磺酸钠分光光度法测定环境空气中的臭氧（O_3）［J］. 中国卫生检验杂志，2007，17（6）：1029~1030.

[3] 施小平，杨润，成海仙，等．用靛蓝二磺酸钠分光光度法测定室内空气中的臭氧［J］. 卫生研究，2000，29（6）：357~358.

第十二章　大型蚤类毒性试验在水污染控制中的应用

第一节　实 验 背 景

在自然水体中存在着大量的浮游动物，蚤类是浮游生物的重要类群。它们与水环境有着错综复杂的相互关系，对水中毒性物质十分敏感，在水质变化中起着重要作用，研究认为浮游生物毒性试验结果可确定水质污染程度。

蚤类是枝角类浮游生物，属甲壳纲鳃足亚纲双甲目，处于水体生产者和最终消费者之间的环节，对毒性反应比鱼类更为敏感。蚤类取材容易，试验方法简便，繁殖周期短，实验室易培养，产仔量多，是一类很好的试验生物，且实验项目使用的参数在个体间相对恒定，可以为试验结果统计学处理提供方法，因此常被选为毒性测试生物。大型蚤的应用起始于 1928 年，美国科学家首先把水蚤试验技术应用在药理毒理学研究上，1944 年英国学者首次将水蚤类毒性实验应用在防治工业废水污染上，报道了有关工业废水中 25 种污染物的毒性试验。

水环境样品，如江、河、湖、海等调查时，由于污染源比较复杂，很少用单一的理化指标表示样品污染程度，而蚤类毒性试验可以在一定程度上综合地反映水体的污染情况和污染物毒性。由于环境样品成分复杂，各种物质间还存在拮抗、加成作用，往往使得其毒性与单一存在情况下的毒性有所不同，运用蚤类直接测定环境样品的综合毒性，试验结果可判断样品的实际毒性程度，为水质环境毒性监测提供综合指标。因此，蚤类急性毒性已成为国际公认的生物测试方法。在对一系列有机物的毒性实验中，研究学者们开始把定量结构与活性关系（QSAR）应用于大型蚤毒性实验，估测化合物的生物效应；除了急慢性、蓄积、联合、生长繁殖和应用方面等试验，学者们深入研究了不同条件下化合物对大型蚤在分子水平上的毒害。大型蚤的趋光性试验和 QSAR 法研究化合物结构活性也得到了进一步研究。

蚤类毒性试验资料应用广泛，适用于测定化学物质、工业废水、生活废水以及地表水、地下水等样品生物毒性，评价受试物对水生生物和水生生态系统的影响，以及废水和河流的环境监测。例如，蚤类急性毒性试验已成为我国农药、化学品环境安全评价以及废水监测的重要方法。

第二节 实 验 目 的

(1) 掌握大型蚤类毒性测定的方法;

(2) 学习根据物质或者废水的半数抑制浓度、半数致死浓度来判断物质或废水的毒性程度。

第三节 实 验 原 理

以大型蚤 [daphnia magna straus (cladocera crustacea)] 为试验生物，测定物质或废水的半数抑制浓度、半数致死浓度 (24h-EC_{50}、24h-LC_{50} 或 48h-EC_{50}、48h-LC_{50})，用于判断物质或废水的毒性程度。

运动受抑制：反复转动试验容器，15s 之内失去活动能力的大型蚤，被认为运动受抑制。即使其触角仍能活动，也应算做不活动的个体。

24h-EC_{50}、48h-EC_{50} 指在 24 或 48h 内 50% 的受试蚤运动受抑制时被测物的浓度。

24h-LC_{50}、48h-LC_{50} 指在 24 或 48h 内 50% 的受试蚤死亡时被测物的浓度，以受试蚤心脏停止跳动为其死亡标志。

第四节 实验仪器与试剂药品

一、实验仪器

溶解氧测定仪，pH 计，温度计，电导仪，电子分析天平，容量瓶，移液管，吸管，玻璃缸，尼龙筛网，100mL 小烧杯或结晶皿。

二、试剂药品

(1) 试验生物。试验生物为大型蚤 (daphnia magna straus)，甲壳纲，枝尼亚目。保持良好的培养条件，使大型蚤的繁殖被约束在孤雌生殖的状态下。选用实验室条件下培养 3 代以上的、出生 6~24h 的幼蚤为试验蚤。试验蚤应是同一母体的后代。

(2) 试验用水。配制人工稀释水为试验用水。新配制的标准稀释水 pH 值为 7.8±0.2，硬度 (以 $CaCO_3$ 计) 为 (250±25) mg/L，Ca/Mg 比例接近 4∶1，溶解氧浓度在空气饱和值的 80% 以上，并不含有任何对大型蚤有毒的物质。人工稀释水用电导率 10μs/cm (1ms/m) 以下的蒸馏水或去离子水 (以下简称水) 按下述方法配制。

1）氯化钙溶液。将 11.76g 氯化钙（$CaCl_2 \cdot 2H_2O$）溶于水中稀释至 1L。

2）硫酸镁溶液。将 4.93g 硫酸镁（$MgSO_4 \cdot 7H_2O$）溶于水中稀释至 1L。

3）碳酸氢钠溶液。将 2.59g 碳酸氢钠（$NaHCO_3$）溶于水中稀释至 1L。

4）氯化钾溶液。将 0.25g 氯化钾（KCl）溶于水中稀释至 1L。

各取以上四种溶液 25mL 混合，稀释至 1L。必要时可用氢氧化钠溶液或盐酸溶液调节 pH 值，使其稳定在 7.8±0.2。标准稀释水应容许大型蚤在其中生存至少 48h，并尽可能检查稀释水中不含有任何已知的对大型蚤有毒的物质，如氯、重金属、农药、氨或多氯联苯。

（3）重铬酸钾（$K_2Cr_2O_7$），分析纯。

第五节　实验步骤

一、大型蚤的培育繁殖

试验蚤（daphnia magna）可以从其他试验室已有的纯培养中挑取、引种，也可以从野外采集。野外采集的蚤要经分离、纯化，在显微镜下鉴定后，选择体大、健康的母体数个，用 50mL 小烧杯单个培养。选择繁殖量最大的一代为母蚤，单克隆化，使之成为纯品系。用不含无机培养剂的栅藻扩大培养液喂养大型蚤。可以采用每周 3 次全部更换水蚤培养液的办法，也可以每天追加一次浓缩悬浮藻液。培养液中栅藻的浓度不宜过高，一般在 106 个/L 左右，藻液的颜色以淡苹果绿色为宜。否则晚间缺氧会引起大型蚤的死亡。

单个培养母蚤可用 50mL 小烧杯，繁殖培养用 2000mL 大烧杯，储备培养用 30cm×30cm 圆玻璃缸，或类似大小的水族箱。

试验前从实验室储备缸中挑取 20~30 个怀卵母蚤，放在一个 2000mL 烧杯中单独培养。18h 后取走母蚤，幼蚤仍在原繁殖缸中培养，24h 时，此繁殖缸中的幼蚤即为出生 6~24h 的幼蚤。

二、试验物质溶液的配制

试验物质可以是可溶于水的固体、液体或气体，但要求组分一定，具有代表性、重复性。易溶于水的试验物质可直接加到稀释水里，也可以溶解在蒸馏水或去离子水中配成储备液，加入到稀释水中配成试验液，每升稀释水中的储备液要少于 10mL。储备液应当低温保存。难溶于水的物质，可用适当的方法，将其溶解和分散，包括使用超声波装置及其他低毒溶剂增溶。如果使用溶剂，溶剂在试验液中的浓度不应超过 0.5mg/L，并应在试验的同时设两个对照组，一组用稀释水，另一组用最大浓度的溶剂。

三、工业废水试验液的制备

样品的采集及处理：采集废水样品时，应将采样瓶充满水样，不留空气。作品采集后应立即进行试验。如果样品采集后6h之内不能进行试验，则必须将水样冷冻保存（0~4℃），并应尽可能缩短水样在试验前保存的时间。生产流程用水为不稳定的工业废水，应在24h之内，每隔6h瞬时采样一次，分别测定每个样品，求得其最大毒性。废水样品可以用稀释水稀释配成不同浓度的试验液。

四、预试验

正式试验之前，为确定试验浓度范围，必须先进行预备试验。预备试验浓度间距可宽一些（如0.1mg/L、1mg/L、10mg/L），每个浓度至少放5个幼蚤，通过预试验找出被测物使100%大型蚤运动受抑制的浓度和最大耐受浓度的范围，然后在此范围内设计出正式试验各组的浓度。预试验中应了解毒物的稳定性，在标准稀释水中是否会出现沉淀、pH值等理化性质的改变。以便确定正式试验是否需要采取流水或更换试验液及改变稀释水pH值等措施。

五、正式试验

（1）试验浓度的设计：根据预试验的结果确定正式试验的浓度范围，按几何级数的浓度系列（等比级数间距）设计5~7个浓度（如1mg/L、2mg/L、4mg/L、8mg/L、16mg/L等比级数系数为2，又如1mg/L、1.8mg/L、3.2mg/L、5.6mg/L、10mg/L等比级数系数为1.778）。试验浓度要设计合理，浓度系列中以能出现一个60%左右和40%左右大型蚤运动受抑制或死亡的浓度最为理想。

（2）试验用100mL烧杯（或结晶皿），装40~50mL试验液，置蚤10个。每个浓度至少有2~3个平行。一组试验液设空白对照，内装相等体积的稀释水。试验前要用化学方法测定试验液的初始浓度。

（3）试验开始后应于1h、2h、4h、8h、16h及24h定期进行观察，记录每个容器中仍能活动的水蚤数，测定0~100%大型蚤不活动或死亡的浓度范围，并记录它们任何不正常的行为。在计算试验蚤的不活动或死亡的比例之后，立即测定试验液的溶解氧浓度。

（4）检查大型蚤的敏感性及试验操作步骤的统一性，定期测定重铬酸钾的24h-EC_{50}，目的是验证大型蚤的敏感性。在试验报告中报告24h-EC_{50}。重铬酸钾的24h-EC_{50}为0.5~1.2mg/L（20℃条件下）。

第六节　数据记录与处理

一、EC_{50}（LC_{50}）的估算

试验结束，计算每个浓度中不活动的大型蚤或死亡蚤占试验总数的比例，用概率单位目测法，计算 EC_{50}（或 LC_{50}）。以浓度对数值 $\lg X$ 为横坐标，不活动蚤比例换算成概率值 Y 为纵坐标建立回归方程 $Y=a+b\lg X$，将 $Y=5$ 带入回归方程，求出 EC_{50}。

二、结果的表示

以 24h-EC_{50} 表示物质在相应时间内对大型蚤运动受抑制的影响。以 24h-LC_{50} 表示物质在相应时间内对大型蚤生存的影响。当浓度间距过近仍不能获得足够数据时，可采用使100%大型蚤活动受抑制或心脏停止跳动的最低浓度和使0%大型蚤活动受抑制或心脏停止跳动的最高浓度来表示毒性影响的结果。

三、实验记录

将实验蚤、被测物及实验环境的基本情况填入表 12-1 中。

表 12-1　实验条件记录

实验蚤种类		来　源		数　目			
蚤龄		饵料		驯养时间			
对照组是否发生死亡							
被测物质							
种名		来源		样品保存方法		保存时间	
实验用稀释水性质							
实验环境							
水温/℃		pH 值		DO/$mg\cdot L^{-1}$		电导率 /$\mu S\cdot cm^{-1}$	
实验条件下大型蚤的不正常行为，包括中毒症状：							

（1）预试验结果（每个浓度 5 个大型蚤，24h）记入表 12-2。

表 12-2 预试验结果记录

浓度/%	活动大型蚤数目

（2）24h 的实验结果记入表 12-3 和表 12-4。

表 12-3 重铬酸钾 $24h\text{-}EC_{50}$

组 数	1	2	3	4	5
重铬酸钾浓度 $X/mg \cdot L^{-1}$					
重铬酸钾浓度对数 $\lg X$					
Y 概率值					

回归方程：________；相关系数：________

重铬酸钾 $24h\text{-}EC_{50}$：________

表 12-4 24h 实验结果记录

浓 度		24h 活动的大型蚤个数	不活动大型蚤	
百分浓度	浓度对数值	型蚤个数	百分比	概率值

回归方程：________；相关系数：________

$24h\text{-}EC_{50}$：________；$24h\text{-}LC_{50}$：________

第七节 注意事项

（1）重铬酸钾的 $24h\text{-}EC_{50}$ 在 20℃ 时为 0.5～1.2mg/L 的范围内。如果重铬酸

钾的 24h-EC_{50} 在 0.5~1.2mg/L 以外，则应检查使用试验步骤是否严格，并检查大型蚤的培养方式。如有必要，使用新的符合敏感要求的大型蚤品种。

（2）如果所进行的试验需要使用其他稀释水或改变稀释水的 pH 值，应在试验报告中注明所用的性质。要求稀释水的硬度在 150~300mg/L（以 $CaCO_3$ 计）范围内，Ca/Mg 比例接近 4∶1，pH 值不得低于 6.5 或不得高于 8.5，同一试验 pH 值波动不得大于 0.5。

（3）试验结束时溶解氧浓度必须大于或等于 2mg/L。

（4）必须经检测证明被测定的试验物质浓度保持于试验全过程（至少应为计划配制浓度的 80%）。如果浓度偏差大于 20%，应以测试浓度结果为准。

（5）实验操作及实验过程中蚤类不能离开水，转移时要用玻璃滴管。

第八节　思考与讨论

（1）大型蚤毒性测试过程中需要注意哪些因素对实验结果的影响？

（2）利用大型蚤毒性对化合物或废水的毒性程度进行判断的优点有哪些？

参 考 文 献

[1] GB/T 13266—91 水质物质对蚤类（大型蚤）急性毒性测定 [S].

[2] 张哲海，陈明，梅卓华，等．大型蚤急性毒性试验的质量控制 [J]. 环境监测，2011，27(2)：29~32.

[3] 国家环境保护总局《水和废水监测分析方法》编委会．水和废水监测分析方法 [M] 第四版．北京：中国环境科学出版社，2002.

[4] 宋大祥．大型蚤的初步培养研究 [J]. 动物学报，1962，14（1）：49~62.

第十三章　光 Fenton 法对亚甲基蓝的光降解

第一节　实 验 背 景

染料广泛应用于食品、医药、印染和化妆品等行业，据统计结果，商业用途的染料种类已超过 100000 种，世界上染料的年产量为 80 万~90 万吨，而我国染料年产量约为 15 万吨，位居世界染料产量前列。随着各种染料的广泛使用，有 10%~15%的染料在生产和使用过程中释放到环境中。染料废水属于难处理的工业废水，具有污染物浓度高、成分复杂、毒性大、色度高及可生化性差等特点。这些染料多数极其稳定，进入环境水域后难以自然降解，造成受污染水域色度增加，影响入射光线量，进而影响到水生动植物的正常生命活动，破坏水体的生态平衡，更为严重的是染料多为有毒物质，具有致癌致畸效应，排放到环境中对人类和其他生物的健康构成极大的威胁。

其中亚甲基蓝可以用于制造墨水和色淀，以及生物、细菌组织的染色。与 $ZnCl_2$ 制成复盐，可以用于棉、麻、蚕丝织物、纸张的染色和竹、木的着色。进入到环境中的亚甲基蓝废水对水生植物、动物有毒害，对水体环境产生长期不良影响。其结构式如图 13-1 所示。

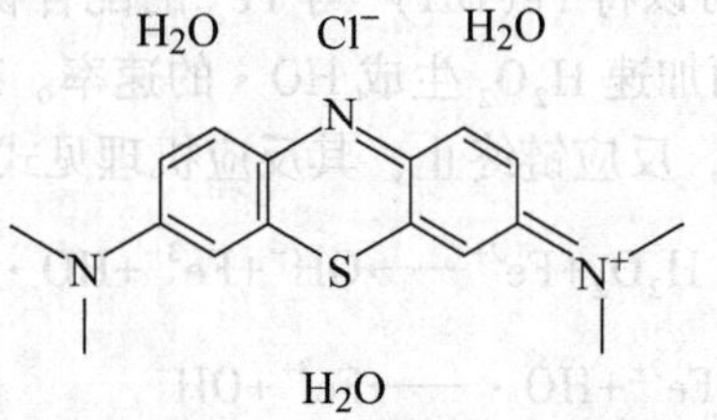

图 13-1　亚甲基蓝的结构式

近几十年来，高级氧化技术（advanced oxidation processes，AOPs）作为一种有效处理难降解污染物的方法，备受人们关注。自从 1894 年，法国科学家 Fenton 发现在酸性条件下 H_2O_2 在 Fe^{2+} 的催化作用下可将酒石酸氧化。后人将 H_2O_2 和 Fe^{2+} 的组合试剂命名为 Fenton 试剂。1964 年 Eisenhouser 首次使用 Fenton 试剂处理苯酚及烷基苯废水，开创了 Fenton 试剂在环境污染物处理中应用的先例。传统的 Fenton 因其矿化率高、反应速率快、对底物和环境条件适应范围广，在染料废水处理方面备受关注。但传统的 Fenton 反应仍存在一些缺点，如 H_2O_2 的低利用率，羟基自由基（HO·）产生量少，而氢过氧自由基（HO_2·）产生量多，且 HO_2·氧化性较弱，对有机物矿化不彻底。较之传统的 Fenton 法而言，利用紫外波长和近紫外波长的光辐射发展起来的光 Fenton，即 $H_2O_2/UV/Fe^{2+}$，能增强 Fenton 试剂的氧化能力，极大促进了 Fenton 和类 Fenton 体系中有机物的降解速度（尤其是对污染物浓度较高的水溶液），同时减少了 H_2O_2 的使用量。光 Fenton 体系实际为 Fenton 体系和 H_2O_2+UV 体系的结合。铁的羟基配合物有较好的吸光性能，吸收能量产生更多的 HO·，同时加强 Fe^{3+} 的还原，提高 Fe^{2+} 的浓度，有利于 H_2O_2 催化分解，从而提高污染物的处理效果。

第二节　实 验 目 的

（1）了解光 Fenton 体系中亚甲基蓝的降解过程；
（2）掌握 Fenton 试剂的配置；
（3）了解光 Fenton 中影响亚甲基蓝的主要因子。

第三节　实 验 原 理

在酸性条件下，H_2O_2 在 Fe^{2+} 离子的催化作用下生成强氧化性的 HO·，并引发更多其他活性氧化物种（ROS），实现对有机物的氧化降解，其过程为链式反应。其中以 HO·的产生为链的开始，其他 ROS 和反应中间体为链的节点，反应体系在紫外光的照射下可以将 $Fe(OH)^{2+}$ 等 Fe^{3+} 的配合物转化为 Fe^{2+}，使得 Fe^{3+}/Fe^{2+} 保持良好循环，进而加速 H_2O_2 生成 HO·的速率。ROS 与其他物质之间的相互作用，使 ROS 被消耗，反应链终止，其反应机理见式（13-1）~式（13-13）：

$$H_2O_2 + Fe^{2+} \longrightarrow OH^- + Fe^{3+} + HO\cdot \qquad (13\text{-}1)$$

$$Fe^{2+} + HO\cdot \longrightarrow Fe^{3+} + OH^- \qquad (13\text{-}2)$$

$$HO\cdot + H_2O_2 \longrightarrow HO_2\cdot + H_2O \qquad (13\text{-}3)$$

$$Fe^{3+} + H_2O_2 \longrightarrow HO_2\cdot + Fe^{2+} + H^+ \qquad (13\text{-}4)$$

$$HO_2\cdot + Fe^{3+} \longrightarrow Fe^{2+} + O_2^-\cdot + H^+ \qquad (13\text{-}5)$$

$$HO\cdot + HO_2\cdot \longrightarrow H_2O + O_2 \qquad (13\text{-}6)$$

$$2HO\cdot \longrightarrow H_2O_2 \qquad (13\text{-}7)$$

$$2HO_2\cdot \longrightarrow H_2O_2+O_2 \tag{13-8}$$

$$Fe^{3+}+HO_2\cdot \longrightarrow Fe^{2+}+O_2+H^+ \tag{13-9}$$

$$Fe^{3+}+O_2^-\cdot \longrightarrow Fe^{2+}+O_2 \tag{13-10}$$

$$Fe(OH)^{2+}+h\nu \longrightarrow Fe^{2+}+HO\cdot \tag{13-11}$$

$$H_2O_2+h\nu \longrightarrow 2HO\cdot \tag{13-12}$$

$$Fe^{3+}+h\nu+H_2O \longrightarrow Fe^{2+}+HO\cdot+H^+ \tag{13-13}$$

通过分离有机化合物中的 H、O 及填充未饱和的 C—C 键，HO·能不加选择地同大多数有机物迅速反应，和 HO·比较起来 HO_2·的反应活性微弱许多，而与之配对的 O_2^-·几乎没有活性。当有 O_2 存在时，HO·与有机物反应产生的以碳为中心的自由基会与 O_2 反应，产生 ROO·自由基，并最终变成氧化产物。

第四节　实验仪器及试剂

一、实验仪器

可见光分光光度计；pH 计；具塞比色管（50mL）；磁力搅拌器；磁子；光反应装置：如图 13-2 所示，光反应装置中光源为 4 根紫外灯管（16W×4，λ_{max} = 365nm）。

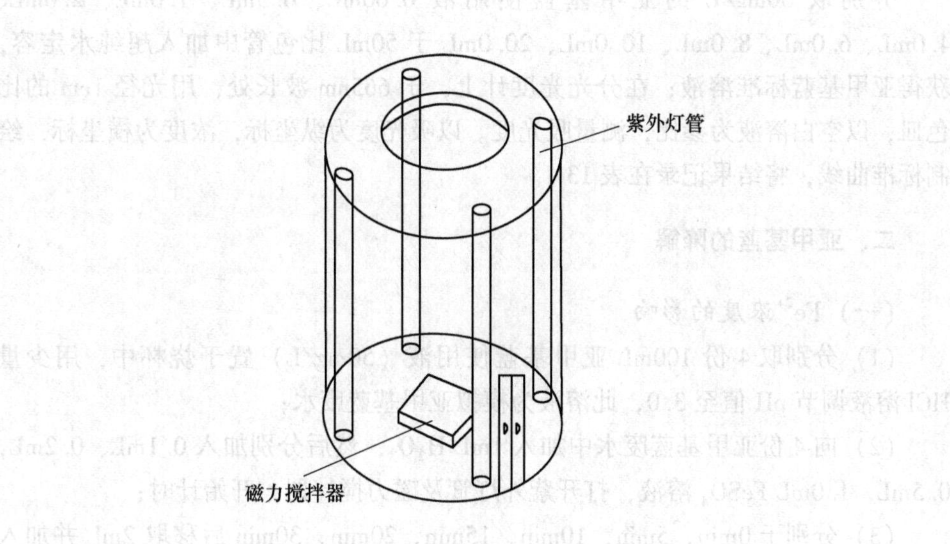

图 13-2　光反应装置

二、试剂药品

(1) 亚甲基蓝储备液（2.5g/L）：称取 2.5g 亚甲基蓝溶于水中，稀释至 1000mL。

(2) 亚甲基蓝使用液（50mg/L）：准确取 10mL 亚甲基蓝储备液至 500mL 容量瓶中，稀释至刻度。

(3) H_2O_2(30%)。

(4) $FeSO_4$ 溶液：准确称取 1.0g $FeSO_4 \cdot 7H_2O$ 溶于水中，稀释至 1000mL，使溶液中 Fe^{2+}浓度为 0.2g/L。

(5) NaOH(1mol/L)：称取 4.0g NaOH 放在烧杯中溶解，冷却后将溶液转移至容量瓶中，洗涤玻璃棒和烧杯，将洗涤液也转移至容量瓶，定容至 100mL。

(6) H_2SO_4(1mol/L)：将 100mL 小烧杯中加入约 40mL 超纯水，准确量取 5.44mL 浓硫酸缓慢倒入烧杯中，同时搅拌至稀释完毕，待烧杯中溶液冷却后移至 100mL 容量瓶中，稀释至刻度。

第五节　实验方法

一、标准曲线的制作

分别取 50mg/L 的亚甲基蓝使用液 0.00mL、0.5mL、1.0mL、2.0mL、4.0mL、6.0mL、8.0mL、10.0mL、20.0mL 于 50mL 比色管中加入超纯水定容，获得亚甲基蓝标准溶液；在分光光度计上，于 665nm 波长处，用光径 1cm 的比色皿，以空白溶液为参比，测量吸光度。以吸光度为纵坐标，浓度为横坐标，绘制标准曲线，将结果记录在表 13-1。

二、亚甲基蓝的降解

(一) Fe^{2+}浓度的影响

(1) 分别取 4 份 100mL 亚甲基蓝使用液（50mg/L）置于烧杯中，用少量 HCl 溶液调节 pH 值至 3.0，此溶液为模拟亚甲基蓝废水；

(2) 向 4 份亚甲基蓝废水中加入 1mL H_2O_2，然后分别加入 0.1mL、0.2mL、0.5mL，1.0mL $FeSO_4$ 溶液，打开紫外灯管及磁力搅拌器，开始计时；

(3) 分别于 0min，5min，10min，15min，20min，30min 后移取 2mL 并加入 2~5mL 硫酸（1mol/L）去除黄色氢氧化铁干扰，于 50mL 比色管中定容，在波

长为665nm的分光光度计下测定其吸光度，数据记录在表13-2；

（4）找出Fe^{2+}的最佳投加量。

（二）H_2O_2的影响

（1）分别取4份100mL亚甲基蓝使用液（50mg/L）置于烧杯中，用少量HCl溶液调节pH值至3.0，此溶液为模拟亚甲基蓝废水；

（2）向4份亚甲基蓝废水中加入前面实验得出的最佳投加量的Fe^{2+}溶液，然后再分别加入0.2mL、0.5mL、1.0mL、2.0mL H_2O_2溶液，打开紫外灯管及磁力搅拌器，开始计时；

（3）分别于0min，5min，10min，15min，20min，30min后移取2mL并加入2~5mL硫酸（1mol/L）去除黄色氢氧化铁干扰，于50mL比色管中定容，在波长为665nm的分光光度计下测定其吸光度，数据记录在表13-3；

（4）找出H_2O_2的最佳投加量。

（三）初始pH值影响

（1）分别取4份100mL亚甲基蓝使用液（50mg/L）置于烧杯中，用少量HCl溶液调节pH值至3.0、5.0、7.0、9.0；

（2）向烧杯中分别加入前面实验得出的Fe^{2+}和H_2O_2的最佳投加量，打开紫外灯管及磁力搅拌器，开始计时；

（3）分别于0min、5min、10min、15min、20min、30min后移取2mL并加入2~5mL硫酸（1mol/L）去除黄色氢氧化铁干扰，于50mL比色管中定容，在波长为665nm的分光光度计下测定其吸光度，数据记录在表13-4；

（4）找出最佳初始pH值。

第六节　数据记录与处理

一、标准曲线

表13-1　标准曲线的绘制

亚甲基蓝标准液体积/mL	0.0	0.5	1.0	2.0	4.0	6.0	8.0	10.0	20.0
吸光度									

线性回归方程：____________；相关系数：____________

二、Fe^{2+}浓度的影响

表 13-2　不同 Fe^{2+}浓度对亚甲基蓝去除的影响

反应时间/min \ 吸光度 \ Fe^{2+}浓度/mol · L^{-1}	0.1	0.2	0.5	1.0
0				
5				
10				
15				
20				
30				

绘制降解率-Fe^{2+}浓度曲线。

三、H_2O_2 浓度的影响

表 13-3　不同 H_2O_2 浓度对亚甲基蓝去除的影响

反应时间/min \ 吸光度 \ H_2O_2 浓度/mol · L^{-1}	0.2	0.5	1.0	2.0
0				
5				
10				
15				
20				
30				

绘制降解率-H_2O_2 浓度曲线。

四、pH 值的影响

表 13-4 不同 pH 值对亚甲基蓝去除的影响

反应时间/min \ 吸光度 \ pH 值	0.2	0.5	1.0	2.0
0				
5				
10				
15				
20				
30				

绘制降解率–初始 pH 值曲线。

亚甲基蓝的降解率计算公式见式（13-14）：

$$降解率 = \frac{C_0 - C_t}{C_0} \times 100\% \tag{13-14}$$

式中 C_0——初始浓度的亚甲基蓝浓度，mg/L；

C_t——光降解后的亚甲基蓝浓度，mg/L。

第七节 注 意 事 项

（1）将紫外灯管提前打开 15min 以上，以保证灯能量的稳定性。

（2）取样后应立即测定，因为样品中 Fenton 反应仍在继续进行，则所测吸光度小于实际值。

第八节 思考与讨论

（1）试简述光 Fenton 试剂在污染控制中的适用范围。

（2）影响光 Fenton 降解亚甲基蓝的因素有哪些？pH 值如何影响？

（3）本实验所用紫外灯管的光谱有何特征？

参 考 文 献

[1] 包木太，王娜，陈庆国，等 . Fenton 法的氧化机理及在废水处理中的应用进展［J］. 化

工进展，2008，27（5）：660~665.

［2］Park J H，Cho I H，Chang S W. Comparison of Fenton and Photo-Fenton processes for livestock wastewater treatment［J］. Journal of Environmental Science and Health，Part B.，2006，2：109~120.

［3］Buxton G V，Greenstock C L，Helman W P，et al. Critical review of rate constants for reaction of hydrated electrons，hydrogen atoms and hydroxyl radicals in aqueous solution［J］. Journal of Physical and Chemical Reference Data，1988，17：513~531.

第十四章　离子色谱测定大气降水中的阴离子

第一节　实验背景

由于大气降水对空气中的颗粒状固体、悬浮物等具有明显的冲刷作用，特别是在洗脱大气可溶性物质中起着重要作用，能有效清除大气中的许多污染物，对空气具有一定的净化作用。但降水成分又会成为局地污染源，可直接或间接地反映某一区域的环境质量和污染状况，其中无机离子在此过程中起重要作用。当污染空气的 SO_2、NO_x 溶解于降水中生成硫酸根、硝酸根时，其 pH 值如果低于 5.6 称为酸沉降，随着降水过程降落到地面，对所覆盖的区域会产生严重的破坏作用，加强对降水中 Cl^-、NO_3^-、SO_4^{2-} 等无机阴离子的监测分析对大气环境化学问题及其环境效应的研究有着重要意义。

其中降水中硫酸根主要来自于空气中气溶胶、颗粒物中可溶性硫酸盐及气态污染物二氧化硫经催化氧化而形成的硫酸或硫酸盐。部分硫酸根源于自然源如火山爆发，大部分硫酸根来源于人为污染源如化石燃料燃烧。硫酸根对酸雨的形成起着重要作用。我国现阶段仍属煤烟型污染，酸性离子中硫酸根贡献最大，降水中 SO_4^{2-} 的浓度介于 1~100mg/L 之间。

另外随着全球机动车数量的不断增多，汽车尾气排放的氮氧化物（NO_x）排放量日益增加，加之煤的继续大量燃烧释放 NO_x，导致大气中的 NO_x 的含量不断增加。NO_x 与空气中的水蒸气相遇后发生液相氧化反应，就会形成硝酸，使雨水酸化形成硝酸型酸雨。

大气中氯化氢源自盐酸工厂、焚化炉等废气、汽车的排气等。氯化氢进入大气后对酸雨的贡献同样不容忽视。

大气降水监测项目中阴离子主要有 F^-、Cl^-、NO_2^-、NO_3^-、SO_4^{2-} 等。通常用重量法、比色法、电极法和离子交换色谱法测定，以上方法操作繁琐，干扰消除困难，准确度不高。离子色谱目前已成为分析化学领域中发展最快的分析方法之一，具有操作简单、快速、选择性好，以及灵敏度高、能同时测定多组分的优点，被广泛用于食品安全、大气监测、水质控制、药物分析等方面。目前离子色谱已成为阴离子分析的首选方法，被广泛应用于大气环境中水溶性无机阴离子的分析。

第二节　实验目的

（1）学习和掌握大气降水中阴离子（F^-、Cl^-、NO_2^-、Br^-、NO_3^-、PO_4^{3-}、SO_3^{2-}、SO_4^{2-}）的测定方法；

（2）掌握离子色谱的原理和操作；

（3）了解某一地区大气降水的特征和发展趋势。

第三节　实验原理

样品随淋洗液进入阴离子分离柱，由于被测离子对离子交换树脂的相对亲和力不同，样品中各离子被分离出。在流经自再生电解抑制器时，由抑制器扣除淋洗液背景电导、增加被测离子的电导响应值和除去样品中的阳离子，最后通过电导检测器检测并绘出各离子的色谱图，以保留时间定性，峰面积（或峰高）定量。

第四节　实验仪器与试剂药品

一、实验仪器和器材

降水自动采样器，离子色谱仪，阴离子分离柱和阴离子保护柱，阴离子抑制柱或阴离子微膜抑制器，电导检测器，积分仪、记录仪或电脑工作站，过滤装置及 0.45μm 微孔滤膜，微量注射器（用于进样的 1mL 或 5mL 注射器）；样品瓶（40mL 或 80mL 带盖的硬质玻璃或聚乙烯材质样品瓶），针筒式微孔滤膜过滤器。

二、试剂药品

（1）淋洗储备液（0.30mol/L Na_2CO_3-0.25mol/L $NaHCO_3$）。准确称取 15.90g 无水 Na_2CO_3（试剂使用前，105℃±5℃烘干 2h）和 10.50g $NaHCO_3$（试剂使用前，干燥器中干燥 24h），分别溶于适量水中，再移入 500mL 容量瓶中，用水稀释至标线，混匀。储存于聚乙烯塑料瓶中，于冰箱 4℃内保存。

（2）淋洗使用液（0.006mol/L Na_2CO_3-0.005mol/L $NaHCO_3$）。准确移取以上淋洗储备液 20.00mL 于 1000mL 容量瓶中，用水稀释至标线，混匀。储存于聚乙烯塑料瓶中，于冰箱 4℃内保存。

（3）氟标准储备液（1000mg/L）。称取 2.210g 氟化钠（试剂使用前，105℃

±5℃烘干2h）溶于水中，用水稀释定容至1000mL容量瓶。储存于聚乙烯瓶，在0~4℃条件下可保存1年。也可使用市售有证标准物质。

（4）氯标准储备液（1000mg/L）。称取1.649g氯化钠（试剂使用前，105℃±5℃烘干2h）溶于水中，用水稀释定容至1000mL容量瓶。储存于聚乙烯瓶，在0℃~4℃条件下可保存1年（也可使用市售有证标准物质，注意目标形态与浓度的换算，下同）。

（5）溴标准储备液（1000mg/L）。称取1.489g溴化钾（试剂使用前，105℃±5℃烘干6h）溶于水中，用水稀释定容至1000mL容量瓶。储存于聚乙烯瓶，在0~4℃条件下可保存1年。

（6）亚硝酸盐标准储备液（1000mg/L）。称取1.500g亚硝酸钠（试剂使用前，105℃±5℃烘干24h）溶于水中，用水稀释定容至1000mL容量瓶。贮于聚乙烯瓶，在0~4℃条件下可保存1年。

（7）硝酸盐标准储备液（1000mg/L）。称取1.630g硝酸钾（试剂使用前，105℃±5℃烘干2h）溶于水中，用水稀释定容至1000mL容量瓶。贮于聚乙烯瓶中，在0~4℃条件下，可保存1年。

（8）磷酸盐标准储备液（1000mg/L）。称取1.433g磷酸二氢钾（试剂使用前，105℃±5℃烘干2h）溶于水中，用水稀释定容至1000mL容量瓶。储存于聚乙烯瓶，在0~4℃条件下可保存1年。

（9）硫酸盐标准储备液（1000mg/L）。称取1.479g无水硫酸钠（试剂使用前，105℃±5℃烘干6h）溶于水中，用水稀释定容至1000mL容量瓶。贮于聚乙烯瓶，在0~4℃条件下可保存1年。

（10）亚硫酸盐标准溶液（1000mg/L）。称取0.789g无水亚硫酸钠（试剂使用前，干燥器中干燥24h），用水稀释定容至500mL容量瓶。因亚硫酸盐易氧化为硫酸盐，建议现用现配。

（11）标准使用液（a）。配制成七种阴离子的标准使用液（a），即10mg/L F^-、200mg/L Cl^-、20mg/L Br^-、10mg/L NO_2^-、100mg/L NO_3^-、60mg/L PO_4^{3-}、400mg/L SO_4^{2-} 的混合标准使用液。分别移取2.50mL氟标准储备液、50.0mL氯标准储备液、5.00mL溴标准储备液、2.50mL亚硝酸盐标准储备液、25.00mL硝酸盐标准储备液、15.00mL磷酸盐标准储备液、100.00mL硫酸盐标准储备液于250mL容量瓶中，用水稀释至标线。现用现配。

（12）标准使用液（b）。吸取25mL亚硫酸盐标准溶液于250mL容量瓶中，用水稀释至标线。现用现配。此溶液含有100.0mg/L SO_3^{2-}。

实验用水：实验用水为新制备的电阻率大于18.0MΩ·cm去离子水，并经过0.45μm微孔滤膜过滤和脱气处理。

第五节 实验步骤

一、采样

(1) 采样点位应尽可能地远离局部污染源，四周无遮挡雨、雪的高大树木或建筑物。

(2) 采集大气降水可用降水自动采样器采样，或用聚乙烯塑料小桶（上口直径 40cm，高 20cm）采样。采集雪水可用聚乙烯塑料容器，上口直径 60cm 以上。采样器具在第一次使用前，用 10%（体积分数）盐酸（或硝酸）浸泡一昼夜，用自来水洗至中性，再用去离子水冲洗多次。晾干，加盖保存在清洁的橱柜内。采样器每次使用后，先用去离子水冲洗干净，晾干，然后加盖保存。

(3) 每次降雨（雪）开始，立即将备用的采样器放置在预定采样点的支架上，打开盖子开始采样，并记录开始采样时间。不得在降水前打开盖子采样，以防干沉降的影响。采样器放置的相对高度应在 1.2m 以上。

(4) 取每次降水的全过程样（降水开始至结束）。若一天中有几次降水过程，可合并为一个样品测定。若遇连续几天降雨，可收集上午 8：00 至次日上午 8：00 的降水，即 24h 降水样品作为一个样品进行测定。

(5) 采集的样品应移入洁净干燥的聚乙烯塑料瓶中，密封保存。在样品瓶上贴上标签、编号，同时记录采样地点、日期、起止时间、降水量。完成采样记录表（表 14-3）。

二、样品预处理

(1) 选用孔径为 0.45μm 的有机微孔滤膜作为过滤介质。

(2) 过滤后，将滤液装入干燥清洁的玻璃瓶或聚乙烯瓶中，已采集样品应尽快分析。如不能立即分析，应不加添加剂，密封后放在冰箱中保存（1~5℃）。不同被测离子的保存时间和容器材质要求有所不同（表 14-1）。

表 14-1　样品保存条件和要求

阴离子	盛放容器的材质	保存时间
F^-	聚乙烯瓶	14d
Cl^-	硬质玻璃瓶或聚乙烯瓶	30d
NO_2^-	硬质玻璃瓶或聚乙烯瓶	24h
Br^-	硬质玻璃瓶或聚乙烯瓶	14h
NO_3^-	硬质玻璃瓶或聚乙烯瓶	24h
PO_4^{3-}	硬质玻璃瓶或聚乙烯瓶	7d
SO_3^{2-}	硬质玻璃瓶或聚乙烯瓶	14h
SO_4^{2-}	硬质玻璃瓶或聚乙烯瓶	30d

三、离子色谱分析条件

（1）碳酸钠和碳酸氢钠淋洗液；

（2）可自动清洗的柱塞输液泵，淋洗液流速为 1.0mL/min；

（3）阴离子分离柱为粒径 7μm，苯乙烯-二乙烯苯为填料，烷醇基季铵盐作交换基团，具有氢氧化物和碳酸盐双选择性的分离柱或其他一次进样能充分分离待测阴离子的分离柱；

（4）阴离子保护柱（4mm×50mm），能与分析柱配套；

（5）连续自循环电解再生微膜抑制器或其他自再生电解微膜抑制器，抑制器电流为 43mA；

（6）电导检测器，数字信号输出范围为 0~15000μS，分辨率小于 0.1nS；

（7）进样量为 25μL；

（8）柱温控制在 30℃±0.1℃。

四、标准曲线的绘制

由标准使用液（a）中移取 2.50mL、5.00mL、10.00mL、15.00mL、25.00mL 分别至编号为 1 号、2 号、3 号、4 号、5 号的 5 个 100mL 容量瓶中；再由标准使用液（b）分别移取 2.50mL、5.00mL、10.00mL、15.00mL、25.00mL，依次至以上 5 个 100mL 容量瓶内，用水稀释至标线。配制成 5 种不同浓度的 8 种离子（F^-、Cl^-、NO_2^-、Br^-、NO_3^-、PO_4^{3-}、SO_3^{2-}、SO_4^{2-}）混合标准溶液。标准系列浓度见表 14-2。也可用微量移液器和相应容积的容量瓶配制。按照仪器工作条件开动仪器，待基线稳定后，按照从低浓度到高浓度的次序和离子色谱推荐的分析条件，测定混合标准液的峰面积（或峰高）。以各离子的测定浓度为横坐标，峰面积（或峰高）为纵坐标，绘制标准曲线，将结果记录在表 14-4 中。

表 14-2 标准系列浓度 (mg/L)

阴离子	标准系列				
	1号	2号	3号	4号	5号
F^-	0.25	0.50	1.00	1.50	2.50
Cl^-	5.00	10.00	20.00	30.00	50.00
Br^-	0.50	1.00	2.00	3.00	5.00
NO_2^-	0.25	0.50	1.00	1.50	2.50
NO_3^-	2.50	5.00	10.00	15.00	25.00
PO_4^{3-}	1.50	3.00	6.00	9.00	15.00
SO_3^{2-}	2.50	5.00	10.00	15.00	25.00
SO_4^{2-}	10.00	20.00	40.00	60.00	100.0

五、样品测定

在与绘制标准曲线相同的色谱条件下，测量试样的峰高或峰面积。对于未知浓度的样品，稀释100倍后进样。再根据所得结果，选择适当的稀释倍数重新进样分析。

六、空白试验

以实验用水代替样品，经与样品相同的前处理过程，按与样品分析相同的步骤测量空白试样的峰面积或峰高，将结果记录在表14-5中。

第六节　数据记录与处理

一、数据记录

表14-3　采样记录表

采样点名称			采样点类型		
经度		纬度		海拔高度	
采样开始时间		采样结束时间		气温、风向	
样品体积				采样人	
样品污染情况（是否有悬浮颗粒等）					
采样人员观察到的情况（环境问题、车辆活动）					
监测点状况（是否有新的污染源等）					

表14-4　不同阴离子标准曲线

阴离子	标准系列					线性回归方程	相关系数
	1号	2号	3号	4号	5号		
F^-浓度	0.25	0.50	1.00	1.50	2.50		
峰面积							
Cl^-浓度	5.00	10.00	20.00	30.00	50.00		
峰面积							
Br^-浓度	0.50	1.00	2.00	3.00	5.00		
峰面积							

续表 14-4

阴离子	标准系列					线性回归方程	相关系数
	1号	2号	3号	4号	5号		
NO_2^- 浓度	0.25	0.50	1.00	1.50	2.50		
峰面积							
NO_3^- 浓度	2.50	5.00	10.00	15.00	25.00		
峰面积							
PO_4^{3-} 浓度	1.50	3.00	6.00	9.00	15.00		
峰面积							
SO_3^{2-} 浓度	2.50	5.00	10.00	15.00	25.00		
峰面积							
SO_4^{2-} 浓度	10.00	20.00	40.00	60.00	100.0		
峰面积							

二、样品中阴离子浓度的测定

表 14-5 样品中阴离子浓度

阴离子	样品 1				样品 2			
	峰面积 h	试剂空白 h_0	稀释倍数 D	浓度 ρ	峰面积 h	试剂空白 h_0	稀释倍数 D	浓度 ρ
F^-								
Cl^-								
NO_2^-								
Br^-								
NO_3^-								
PO_4^{3-}								
SO_3^{2-}								
SO_4^{2-}								

样品中无机阴离子（F^-、Cl^-、NO_2^-、Br^-、NO_3^-、PO_4^{3-}、SO_3^{2-}、SO_4^{2-}）的质量浓度（ρ, mg/L），按式（14-1）计算：

$$\rho = \frac{h - h_0 - a}{b} \times D \tag{14-1}$$

式中 ρ——样品中某种阴离子的质量浓度，mg/L；

h——待测离子样品的峰面积（或峰高）；
h_0——空白试样的峰面积（或峰高）；
b——回归方程斜率；
a——回归方程截距；
D——样品的稀释倍数。

第七节　注 意 事 项

（1）由于 SO_3^{2-} 极易氧化成 SO_4^{2-}，在配制混合标准液时，可采用配制成 7+1 的标准使用液的形式进行，即分别配置出混合 7 种离子标准使用液（a）和 SO_3^{2-} 为单标的标准使用液（b）。使用前再将这两种标准使用液配制成 8 种离子的混合标准使用液。此液现用现配，建议从配制到标准曲线绘制完成，应控制在 2h 内。

（2）为防止其氧化，也可在配制 SO_3^{2-} 储备液时，加入 0.1%的甲醛水溶液，移入 1000mL 容量瓶中，用水稀释至标线，混匀。储存于聚乙烯瓶。在 0~4℃条件下可存放 180d。

（3）样品测定时的色谱条件应与校准曲线相同，包括使用同样大小的样品环。在每次进样时，必须用新的样品彻底冲洗进样环路。

（4）样品分析完后，应继续通 20min 以上的淋洗液，以免样品中的一些物质残留在柱体中，对柱子的性能带来一定的影响。

第八节　思考与讨论

（1）如何根据大气降水的各项阴离子指标判断降水水质的好坏？

（2）在测定过程中误差来源有哪些？如何减少或避免误差？

参 考 文 献

[1] GB/T13580.2—1992 大气降水样品的采集与保存 [S].
[2] GB/T13580.5—1992 大气降水中氟、氯、亚硝酸盐、硝酸盐、硫酸盐的测定离子色谱法 [S].
[3] HJ/T165—2004 酸沉降监测技术规范 [S].

附　录

八种无机阴离子的标准离子色谱图可参考图 14-1。

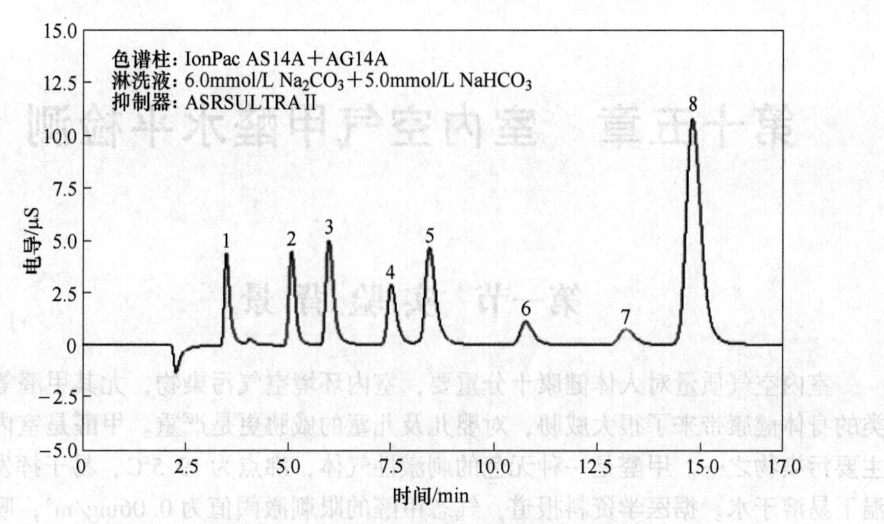

图 14-1　八种无机阴离子的标准色谱图

（淋洗顺序和保留时间根据色谱柱型号及淋洗液组成不同，会有所变化）

1—F^-；2—Cl^-；3—NO_2^-；4—Br^-；5—NO_3^-；6—PO_4^{3-}；

7—SO_3^{2-}；8—SO_4^{2-}

第十五章　室内空气甲醛水平检测

第一节　实 验 背 景

室内空气质量对人体健康十分重要，室内环境空气污染物，尤其甲醛等对人类的身体健康带来了很大威胁，对婴儿及儿童的威胁更是严重。甲醛是室内空气主要污染物之一。甲醛是一种无色的刺激性气体，沸点为19.5℃，易于挥发，常温下易溶于水。据医学资料报道，气态甲醛的眼刺激阈值为0.06mg/m^3，嗅觉刺激阈值为0.06~0.22mg/m^3，上呼吸道刺激阈值为0.12mg/m^3。

甲醛广泛存在于环境中，它有众多的来源：许多工业生产活动如石化工业、药物制造、燃煤工业等可产生甲醛，甲醛是树脂、橡胶、塑料等合成工业的重要原料，一些燃烧产物、生活用品、建筑、装饰材料也可产生甲醛，空气中碳氢化合物在光化学作用下可以生成甲醛。

广泛存在的甲醛对人类的身体健康造成了不良影响，能引起许多症状和体征，如对皮肤、眼睛和黏膜的急性刺激作用，引起头痛、结膜炎、鼻咽部疾病等，严重时发生喉痉挛、肺水肿。研究表明甲醛具有遗传毒性，活泼的醛基使得它不需经过代谢就能攻击亲核基团，能够与DNA共价结合形成加合物，引起DNA链间交联、DNA断裂等；甲醛还具有生殖毒性，能降低免疫力，损害肝脏；甲醛还能损害呼吸系统，使上呼吸道症状体征发生率增加，发生阻塞性肺通气功能障碍；它还是潜在的致癌物。在我国有毒化学品名单上甲醛居第二位，且被世界卫生组织（WHO）确定为可疑致畸、致癌物质。《居室空气中甲醛卫生标准》（GB/T 16127—1995）规定居室内甲醛浓度要小于0.08mg/m^3，但是一般住宅装修后甲醛浓度平均为0.2mg/m^3，最高可达0.81mg/m^3，严重超出标准。人们约有80%的时间在室内度过，室内空气污染对人体健康造成的危害更大。因此，掌握室内空气中甲醛的分析方法、评价其污染的方法具有重要意义。

空气中甲醛的检测方法有分光光度法、荧光法、示波极谱法、电色谱法、气相色谱法以及高效液相色谱法。甲醛的分光光度测定法应用广泛，其原理是利用甲醛和一定的试剂反应，生成有色化合物，在一定波长下此物质的吸光度与其浓度遵从朗伯-比尔定律。4-氨基-3-联氨-5-巯基-1，2，4-三氮杂茂（AHMT）分光光度法、酚试剂分光光度法、变色酸分光光度法是测定甲醛的经典常用分析方法，由于其设备简单，操作快速方便，因此应用广泛。荧光法灵敏度高，但是实验条件要求高，不易控制。示波极谱法由于其仪器设备简单，干扰少，成本低，方法灵敏，近年来得到了许多分析测试工作者的重视。高效液相色谱和气相色谱法具有高效、高速、高灵敏度等优点；电色谱法兼有毛细管电泳法和微填充柱高效液相色谱法的优点，但仪器价格昂贵，推广难。

第二节　酚 试 剂 法

一、实验目的与要求

（1）了解掌握酚试剂分光光度法测定空气中甲醛的原理，掌握其操作步骤。

（2）熟悉甲醛测定的目的意义。

二、实验原理

空气中甲醛与酚试剂反应生成嗪，嗪在酸性溶液中被高铁离子氧化形成蓝绿色化合物。用分光光度法测定其吸光度，可以用于甲醛的定量分析，反应方程式见式（15-1）：

(15-1)

用 5mL 样品溶液，本法测定范围为 0.1～1.5μg；采样体积为 10L 时，可测浓度范围为0.01~0.15mg/m^3。甲醛检出下限为0.0056μg。

当二氧化硫共存时，测定结果偏低。因此，不可忽视二氧化硫的干扰，可将气样先通过硫酸锰滤纸过滤器，排除二氧化硫。

三、实验仪器与试剂药品

(一) 实验仪器

大型气泡采样管（出气口内径为1mm，出气口至管底距离等于或小于5mm，如图15-1所示），恒流采样器（流量范围0~1L/min，流量稳定可调，恒流误差小于2%，采样前后应用皂膜流量计标准采样系列流量，误差小于5%），具塞比色管，分光光度计，空盒气压计。

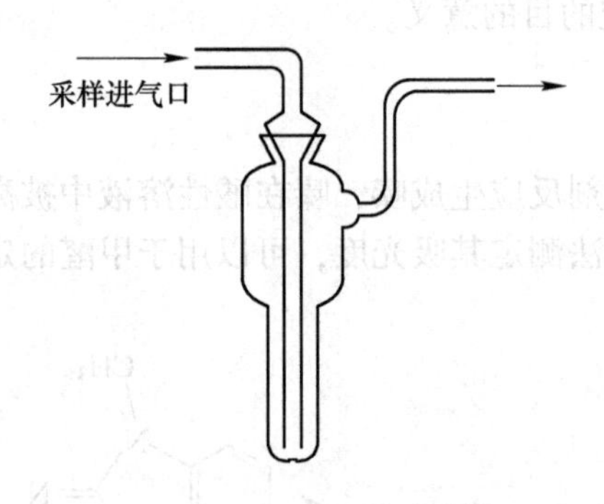

图15-1 气泡采样管

(二) 试剂药品

本实验中所有均为超纯水，所用试剂纯度一般为分析纯。

(1) 吸收液原液：称取0.10g酚试剂［$C_6H_4SN(CH_3)C=NNH_2 \cdot HCl$，简称NBTH］，加水溶解，转移至100mL具塞量筒中，加水至刻度。放冰箱中保存，可稳定3天。

(2) 吸收液：准确量取吸收原液5mL，用超纯水稀释至100mL，即为吸收液。采样时，临用现配。

(3) 1%硫酸铁铵溶液：称取1.0g硫酸铁铵用0.1mol/L盐酸溶解，并稀释至100mL。

(4) 碘溶液［$C(1/2I_2)=0.1000mol/L$］：称取30g碘化钾，溶于25mL水中，加入127g碘。待碘完全溶解后，用水定容至1000mL。移入棕色瓶中，暗处贮存。

(5) 氢氧化钠溶液（1mol/L）：称取40g氢氧化钠，溶于水中，并稀释至1000mL。

(6) 硫酸溶液（0.5mol/L）：取28mL浓硫酸缓慢加入水中，冷却后，稀释至1000mL。

(7) 硫代硫酸钠标准溶液 [$C(Na_2S_2O_3)=0.1000mol/L$]：
可从试剂商店购买标准试剂，也可按附录制备。

(8) 0.5%淀粉溶液：将 0.5g 可溶淀粉，用少量水调成糊状后，再加入 100mL 沸水，并煮沸 2~3min 至溶液透明。冷却后，加入 0.1g 水杨酸或 0.4g 氯化锌保存。

(9) 甲醛标准储备溶液（约 1mg/mL）：取 2.8mL 含量为 36%~38%甲醛溶液，放入 1L 容量瓶中，加水稀释至刻度。此溶液 1mL 约相当于 1mg 甲醛。其准备浓度用下述碘量法标定。

精确量取 20.00mL 待标定的甲醛标准储备溶液，置于 250mL 碘量瓶中。加入 20.00mL 碘溶液和 15mL 1mol/L 氢氧化钠溶液，放置 15min，加入 0.5mol/L 硫酸溶液，再放置 15min，用硫代硫酸钠溶液滴定，至溶液呈淡黄色时，加入 1mL 5%淀粉溶液继续滴定至恰使蓝色退去为止，记录所用硫代硫酸钠体积（V_2）。同时用水作试剂空白滴定，记录空白滴定所用硫代硫酸钠标准溶液的体积（V_1）。甲醛溶液的浓度用下式计算：

$$\rho_{甲醛}=\frac{(V_1-V_2)\times C_1\times 15}{20} \tag{15-2}$$

式中 V_1——试剂空白消耗硫代硫酸钠溶液的体积，mL；
V_2——甲醛标准储备溶液消耗硫代硫酸钠溶液的体积，mL；
C_1——硫代硫酸钠溶液的准确浓度，mol/L；
15——甲醛的当量；
20——所取甲醛标准储备液的体积，mL。

二次平行滴定，误差应小于 0.05mL，否则重新标定。

(10) 甲醛标准溶液：临用时，将甲醛标准储备溶液用超纯水稀释成 1.00mL 含 10μg 甲醛，立即再取此溶液 10.00mL，加入 100mL 容量瓶中，加入 5mL 吸收原液，用水定容至 100mL，此液 1.00mL 含 1.00μg 甲醛，放置 30min 后，用于配制标准色列管。此标准溶液可稳定 24h。

四、实验步骤

(一) 采样点的选择

根据所选择的室内环境的实际情况，采样前须进行规划布点。采样点选择应遵循以下原则。

(1) 采样点的数量根据监测室内面积大小和现场情况而确定，小于 $50m^3$ 的房间应设 1~3 个点，$50\sim100m^3$ 的房间应设 3~5 个点，$100m^3$ 以上至少设 5 个点，在对角线上或梅花式均匀分布。

(2) 采样点应避开通风口，距离墙壁大于 0.5m。

（3）采样点高度原则上与人的呼吸带高度一致，相对高度0.8~1.5m之间。

（4）采样时间和频率，评价室内空气环境质量对人体健康的影响时，应在人们正常活动情况下采样，至少监测一天，每日早晨和傍晚各监测一次。早晨不开门窗，每次平行采样。

另外，采样前关闭门窗24h，并包括了污染最为严重的时段，且在关闭门窗过程中，室内橱柜也应打开。

（二）样品采集

用一个内装5mL吸收液的大型气泡吸收管，以0.5L/min流量，采气10L。记录采样点的温度和大气压力，计算标准状态下的采样体积，完成表15-2。采样后样品在室温下应在24h内分析。

（三）标准曲线的绘制

取9只具塞比色管，加入不同体积的甲醛标准溶液和吸收液，具体体积见表15-1。再加入0.4mL，1%硫酸铁铵溶液，摇匀。放置15min。用10mm比色皿，在波长630nm下，以水参比，测定各管溶液的吸光度。以甲醛含量为横坐标，吸光度为纵坐标，绘制曲线，并计算回归斜率，以斜率倒数作为样品测定的计算因子 B_g（μg/吸光度），将结果记录在表15-3中。

表15-1　甲醛标准系列

序　号	0	1	2	3	4	5	6	7	8
甲醛标准溶液/mL	0	0.10	0.20	0.40	0.60	0.80	1.00	1.50	2.00
吸收液/mL	5.0	4.9	4.8	4.6	4.4	4.2	4.0	3.5	3.0
甲醛含量/μg	0	0.1	0.2	0.4	0.6	0.8	1.0	1.5	2.0

（四）样品测定

采样后，将样品溶液全部转入比色管中，用少量吸收液洗吸收管，合并使总体积为5mL。按绘制标准曲线的操作步骤测定吸光度 A；在每批样品测定的同时，用5mL未采样的吸收液作试剂空白，测定试剂空白的吸光度 A_0，将数据及计算结果记录在表15-4中。

五、数据记录与处理

（一）采样体积及标准曲线的绘制

表15-2　采样体积记录

采样温度/℃		大气压力/kPa	
采样体积/L		标准状态下的采样体积/L	

将采样体积按式（15-3）换算成标准状态下的采样体积：

$$V_0 = V_t \times \frac{T_0}{273 + t} \times \frac{p}{p_0} \tag{15-3}$$

式中 V_0——标准状态下的采样体积，L；

V_t——采样体积，为采样流量（L/min）×采样时间（min），L；

t——采样点的气温，℃；

T_0——标准状态下的热力学温度，273K；

p——采样点的大气压力，kPa；

p_0——标准状态下的大气压力，101.3kPa。

表 15-3 甲醛标准曲线

甲醛含量/μg	0	0.1	0.2	0.4	0.6	0.8	1.0	1.5	2.0
吸光度									

回归方程：____________；相关系数：____________

（二）样品测定

表 15-4 样品中甲醛浓度

<table>
<tr><td rowspan="2">项目</td><td colspan="2">样品 1</td><td colspan="2">样品 2</td><td rowspan="2">空白</td><td>1</td><td></td></tr>
<tr><td>1</td><td>2</td><td>1</td><td>2</td><td>2</td><td></td></tr>
<tr><td>吸光度</td><td></td><td></td><td></td><td></td><td colspan="3" rowspan="3">酚试剂浓度
/mg · L^{-1}</td></tr>
<tr><td>浓度/mg · m^{-3}</td><td></td><td></td><td></td><td></td></tr>
<tr><td>平均浓度/mg · m^{-3}</td><td></td><td></td><td></td><td></td></tr>
</table>

空气中甲醛浓度按式（15-4）计算：

$$\rho = \frac{(A - A_0) \times B_g}{V_0} \tag{15-4}$$

式中 ρ——空气中甲醛浓度，mg/m^3；

A——样品溶液的吸光度；

A_0——空白溶液的吸光度；

B_g——由实验计算得到的计算因子，μg/吸光度；

V_0——换算成标准状态下的采样体积，L。

六、注意事项

（1）所用玻璃器具必须用去离子水或蒸馏水清洗干净。

（2）10μg 酚、2μg 醛以及二氯化氮对本法无干扰。二氧化硫共存时，使测定结果偏低。因此对二氧化硫干扰不可忽视，可将气样先通过硫酸锰滤纸过滤器予以排除。

（3）气泡吸收管进气口出气口不能接反，否则会产生倒吸。

七、思考与讨论

（1）试讨论室内空气中甲醛的主要来源。

（2）与其他甲醛测定方法相比较，酚试剂分光光度法有何优缺点？

第三节　室内空气质量检测仪测定甲醛

一、所需试剂

纯净水或蒸馏水，甲醛测试剂（需要避光保存），甲醛显色液（需要避光保存）。

二、调零

正常适用情况下，检测仪应每周校零 1 次。将甲醛测试管中倒入蒸馏水，将其放入“分光数据传输口”内，长按“校零”键 5s，机器会发生蜂鸣声，表示校零成功。

三、仪器连接

在检测时，可以直接将采样瓶和机器连接采集，将玻璃吸收瓶插入机器顶部的吸收瓶插孔，与仪器的橡胶管连接（甲醛接口），连接方式如图 15-2 所示。

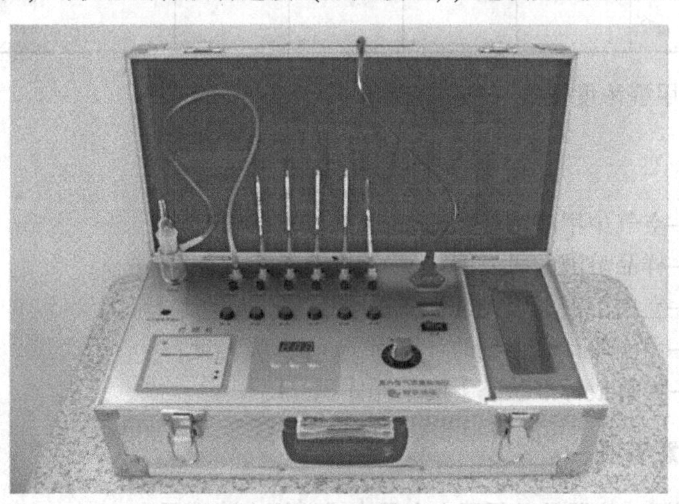

图 15-2　仪器连接方式

四、采样准备

将仪器放置到呼吸带高度（0.8~1.2m），用三脚架固定或放置于高度适合的桌面。

仔细确认连接方式。按“定时操作”的方法进行定时操作，设定采样时间，将旋钮调节至所需时间，如采集10min，旋钮调节至“10”，如采集60min，旋钮调节至“60”。

取甲醛吸收剂（塑料通明试管）1支，打开甲醛吸收剂瓶盖，倒入纯净水或蒸馏水（离瓶口1cm处），盖上瓶盖摇动10s使试剂溶解。取出采样瓶的内玻璃管，将溶解后的甲醛吸收剂倒入采样瓶内，再将其内玻璃管插回，使磨口接口密实。

按仪器“开/关”键，仪器开始工作，工作指示灯亮。一起开始计时，到设定时间后停止工作。

五、样品测定

采样结束后将采样瓶内的采集好的甲醛吸收剂倒回至甲醛试剂的透明试管里。再将甲醛显色液加入透明试管中，手握摇动30~60s，使试剂完全混合溶解。

如果样品瓶中溶液显淡蓝色或蓝色，说明空气中可能含有甲醛，颜色越深说明甲醛含量越高。根据仪器所测结果，与国标限量进行比较，判断出空气中甲醛是否超标。显色后的试管插入机器左侧“分光数据传输口”进行分光测定，然后按“测定”键，显示屏会出现相应的检测数据结果，比如“0.21”，如果检测数据超出《GB/T 18883—2002》中对甲醛的限量，则机器会发出蜂鸣声，红色的报警灯会亮，并有声光报警提示。

六、注意事项

（1）检测用水必须是蒸馏水、去离子水或者纯净水。

（2）采样瓶切勿接入进气孔，否则会产生倒吸，损坏仪器，损失吸收液。

（3）所有玻璃器具在第一次使用前，需用化学试验室中的酸洗液、自来水、蒸馏水清洗干净。

（4）每次检测结束后应及时倒掉气泡吸收瓶中有色溶液，再用酸洗液、自来水、蒸馏水清洗干净，以防玷污和腐蚀比色瓶和气泡吸收管。

（5）若固体或溶液进入分光数据传输口中，必须擦净后再放入分光比色。

参 考 文 献

[1] GB/T 18204.26—2000 公共场所空气中甲醛测定方法［S］.

[2] 马天．室内空气主要污染物甲醛的快速检测方法研究［D］．成都：四川大学，2004.
[3] 薛生国，马亚梦，李丽劼，等．城市装修住宅室内空气甲醛污染调查分析［J］．土木建筑与环境工程，2011，33（03）：124~128.
[4] 张淑娟，黄耀棠．利用植物净化室内甲醛污染的研究进展［J］．生态环境学报，2010，19（12）：3006~3013.
[5] 张志虎，邵华．甲醛及其检测方法的研究进展［J］．中国职业医学，2005，32（1）：55~57.

附　录

硫代硫酸钠标准溶液制备及标定方法

一、试剂药品

（1）碘酸钾标准溶液（0.1000mol/L）：准确称量3.5667g经105℃烘干2h的碘酸钾（优级纯），溶解于水，移入1L容量瓶中，再用水定容至1000mL。

（2）盐酸溶液（0.1mol/L）：量取82mL浓盐酸加水稀释至1000mL。

（3）硫代硫酸钠标准溶液（约0.1mol/L）：称量25g五水合硫代硫酸钠（$Na_2S_2O_3 \cdot 5H_2O$），溶于1000mL新煮沸并已放冷的水中，此溶液浓度约为0.1mol/L。加入0.2g无水碳酸钠，贮存于棕色瓶内，放置一周后，再标定其准确浓度。

二、硫代硫酸钠溶液的标定

精确量取25.00mL 0.1000mol/L碘酸钾标准溶液，于250mL碘量瓶中，加入75mL新煮沸后冷却的水，加3g碘化钾及10mL 0.1mol/L盐酸溶液，摇匀后放入暗处静置3min。用硫代硫酸钠标准溶液滴定析出的碘，至淡黄色，加入1mL新配制的1%淀粉溶液呈蓝色。再继续滴定至蓝色刚刚退去，即为终点，记录所用硫代硫酸钠溶液体积V（mL），其准确浓度c_1用下式计算：

$$c_1 = (0.1000 \times 25.00)/V$$

平行滴定两次，所用硫代硫酸钠溶液相差不能超过0.05mL，否则应重新做平行测定。

三、硫酸锰滤纸的制备

取10mL浓度为100mg/mL的硫酸锰水溶液，滴加到250cm²玻璃纤维滤纸上，风干后切成碎片，装入1.5mm×150mm的U形玻璃管中。采样时，将此管接在甲醛吸收管之前。此法制成的硫酸锰滤纸，有吸收二氧化硫的效能，受大气湿度影响很大，当相对湿度大于88%，采气速度1L/min，二氧化硫浓度为1mL/m^3时，能消除95%以上的二氧化硫，此滤纸可维持50h有效。当相对湿度为15~35%时，吸收二氧化硫的效能逐渐降低。所以相对湿度很低时，应换用新制的硫酸滤纸。

第十六章　水体中可溶性的总铁与亚铁离子浓度的测定

第一节　实验背景

铁在地壳中是含量丰富的元素，平均丰度为4.7%，居第4位。铁以不同的形态存在于不同的介质中，如铁存在于各种生物体中，并作为一种非常重要的微量元素，影响人体健康；同时，铁也是自然水体中一种常见成分，它普遍存在于雨水、云层、雾等各种大气水体和地表水中。

根据对不同国家的雨水、雾、河流地表水等自然水体中铁浓度的研究可知，溶解性的铁基本存在于自然界不同的大气水体和地表水体中。因此，它的存在会影响许多不同化学物质在自然环境中的迁移转化。

可溶性铁离子在自然水体或工业废水中都有，溶解于天然淡水中的铁含量变化很大，从每升几微克到几百微克，甚至超过1mg。这主要取决于水的氧化还原性质和pH值。在还原性条件下，二价铁占优势；在氧化性条件下，三价铁占优势。二价铁的化合物溶解度大。二价铁进入中性的氧化性条件的水中，就逐渐氧化为三价铁。三价铁的化合物溶解度小，可水解为不溶的氢氧化铁沉淀。三价铁只有在酸性水中溶解度才会增大，或者在碱性较强而部分地生成配离子如$Fe(OH)^{2+}$、$Fe(OH)_2^{+}$以及$Fe_2(OH)_2^{4+}$时，溶解度才有增加的趋势。因此，在pH值为6~9的天然水中，铁的含量不高。只有在地下水中，在主要由地下水补给的河段中，以及在湖泊底层水中才有高含量的铁。海洋中铁含量的平均值为2μg/L。工厂排放的含铁废水酸性很强时，铁含量很高；含铁废水排入天然水体，往往由于酸性降低，产生三价的氢氧化铁沉淀。新生成的胶体氢氧化铁有很强的吸附能力，在河流中能吸附多种其他污染物，而被水流带到流速减慢的地方，如湖泊、河口等处，逐渐沉降到水体底部。在水体底部的缺氧条件下，由于生物作用，三价铁又被还原为易溶的二价铁，其他污染物随铁的溶解而重新进入水中。存在于雨水、雾、云层以及一些酸性地表水中的铁羟基配合物$Fe(OH)^{2+}$是主要存在形态，在大气降水水滴中主要存在铁形态包括$[Fe(OH)(H_2O)_5]^{2+}$，$[Fe(OH)_2(H_2O)_4]^{+}$等，它们都是由$Fe(OH)^{2+}$转化而来的，其存在比例是pH值的函数。

由于铁是光敏性的，因此铁通过光化学反应影响环境中的化学循环的过程也十分重要。通过铁盐水解产生的不同产物具有不同的光化学性质。在pH=2.5~5

条件下的主要铁羟基配合物 $Fe(OH)^{2+}$ 可以通过光解产生羟基自由基，强烈影响各种重金属和有机污染物在环境中的迁移转化。

另外，虽然铁对人和动物毒性很小，但水体中铁化合物的浓度为0.1~0.3mg/L时，会影响水的色、嗅、味等感官性状。例如，水体中所含的某些铁化合物的浓度达到0.04mg/L，便会出现异味。印染工业用水中铁含量过高时，往往使产品出现难看的斑点。因此，像塑料、纺织、造纸、酿造和食品工业的用水，对铁含量的要求比饮用水还要高。中国规定生活饮用水的铁含量最高容许浓度为0.3mg/L，地面水为0.5mg/L。

第二节 实 验 目 的

(1) 了解朗伯-比尔定律的应用；

(2) 掌握分光光度计的构造及使用；

(3) 学会邻菲罗啉分光光度法测定铁的方法及标准曲线的绘制，并区分 Fe^{2+} 和 Fe^{3+} 的不同测定方法。

第三节 实 验 原 理

分光光度法是利用物质对某种波长的光具有选择性吸收的特性建立起来的鉴别物质或测定其含量的一项技术。当一束单色光通过溶液时，一部分被吸收，一部分则透过溶液。设入射光强度为 L_o，透射光强度为 L_t，则透光度 $T=L_o/L_t$，吸光度 A 或消光度 E 则可表示为 $A=\lg T$。根据朗伯-比尔定律，吸光度与溶液的浓度成正比，与光束通过溶液的距离（即光程或溶液层厚度）成正比，用数学表达式表示为式（16-1）：

$$A=\varepsilon bc \tag{16-1}$$

式中 A——吸光度；

ε——摩尔吸光系数，为仅与待测物质的性质相关的特征常数，在数值上等于当溶液浓度为1mol/L，光程为1cm时所测得的一定波长下的吸光度，L/(mol·cm)；

b——液层厚度，cm；

c——溶液浓度，mol/L。

物质的分子能吸收电磁波的能量而引起能级跃迁，从而产生吸收光谱。由于物质的结构不同，产生能级跃迁所需要的能量大小不一样，因此所吸收光波的特征波长也就不一样，故每种物质都有各自的吸收谱带。

物质的溶液对光波的吸收遵循朗伯-比尔定律，即当一束平行的单色光通过均匀、非散射的稀溶液时，溶液的吸光度与溶液层厚度及溶液的浓度成正比。

不同形态的铁并存于水体中。在还原性水体中二价铁是主要存在形态；氧化性环境中，三价铁占主要存在形态。本实验以邻菲罗啉作显色剂，在波长 510nm 处有最大吸光度，摩尔吸光系数为 1.1×10^4L/(mol·cm)。

在 pH=3~9 的条件下，Fe^{2+}与邻菲罗啉生成很稳定的橙红色配合物。其反应式如下：

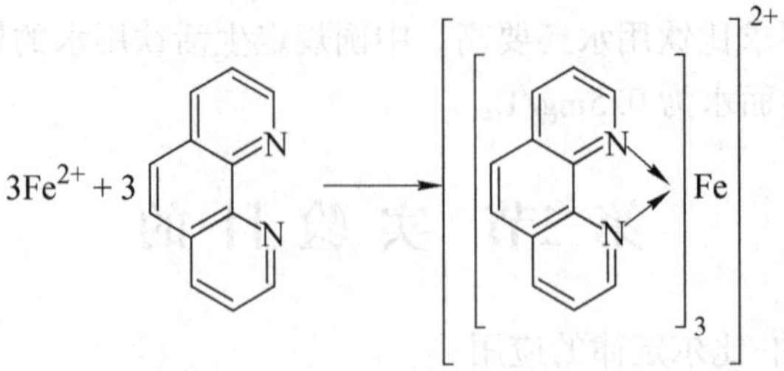

$$3Fe^{2+} + 3\,(\text{N},\text{N}) \longrightarrow \left[\left[(\text{N},\text{N}) \rightarrow \text{Fe}\right]_3\right]^{2+} \qquad (16\text{-}2)$$

此配合物在避光时可稳定保存半年。若使用还原剂（如盐酸羟胺、抗坏血酸）将三价铁离子还原成二价铁离子，则该法可以总铁含量，并通过差减法计算得出三价铁离子的浓度。

第四节　实验仪器与试剂药品

一、实验仪器

分光光度计，10mm 比色皿，50mL 比色管，50mL 烧杯，10mL 移液管，容量瓶（50mL、100mL、1000mL），针筒式滤膜过滤器（0.45μm 水系滤头）。

二、试剂药品

（1）铁标准储备液（100mg/L 以铁元素计）：称取 0.7022g 硫酸亚铁铵 $NH_4Fe(SO_4)_2\cdot12H_2O$（分析纯），溶于 50mL（1+1）硫酸溶液中，转入 1000mL 容量瓶，用超纯水定容。

（2）铁标准液使用液（以铁元素计）：移取 25mL 铁标准溶液于 100mL 容量瓶中，超纯水定容至刻度，即得 25mg/L 的铁标准使用液。

（3）乙酸–乙酸铵缓冲溶液：称取 40g 乙酸铵和 50mL 冰乙酸用超纯水定容到 100mL。

（4）0.5%邻菲罗啉水溶液：称取 0.5g 邻菲罗啉，用超纯水并加几滴盐酸帮助溶解于烧杯中，再定容至 100mL 容量瓶。

（5）10%盐酸羟胺：称取 10g 盐酸羟胺定容于 100mL 容量瓶。

（6）（1+3）盐酸溶液：将 20mL 盐酸（HCl，ρ=1.20g/mL 优级纯）缓缓加入到 60mL 的超纯水中，混匀。

（7）（1+1）硫酸：将硫酸（H_2SO_4，ρ=1.84g/mL，优级纯）缓缓加入到同体积的水中，混匀。

（8）饱和乙酸钠溶液：室温下（一般指25℃），称取乙酸钠固体32g溶解于100mL水中，充分搅拌，过滤不溶解的乙酸钠固体，即得饱和乙酸钠溶液。

第五节 实验步骤

一、亚铁离子校正曲线绘制

取6个50mL比色管，分别加入0.0mL、2.0mL、4.0mL、6.0mL、8.0mL、10.0mL铁标准使用液，再分别加入2mL(1+3)盐酸，5.0mL HAc-NH_4Ac缓冲溶液（pH=5.0），2mL 2%邻菲罗啉溶液显色，定容至刻度，放置15min后用10mm比色皿（若水样含铁量较高，可适当稀释；浓度低时可换用30mm或50mm的比色皿），以水为参比，于510nm处测其吸光度，由经过空白校正的吸光度对铁的质量（μg）作图，绘制校正曲线。各批试剂的铁含量如不同，每新配一次试液，都需重新绘制校正曲线，将结果记录在表16-1中。

二、总铁校正曲线绘制

取6个150mL比色管，分别加入0.0mL、2.0mL、4.0mL、6.0mL、8.0mL、10.0mL铁标准使用液，再分别加入超纯水至50.0mL，再加（1+3）盐酸1mL，10%盐酸羟胺1mL，玻璃珠1~2粒。加热煮沸至溶液剩15mL，冷却至室温，定量转移至50mL具塞比色管中。加入一小片刚果红试纸，滴加饱和乙酸钠溶液至试纸刚刚变红，加入5.0mL HAc-NH_4Ac缓冲溶液（pH=5.0），0.5%邻菲罗啉溶液2mL显色，定容至刻度，放置15min后用10mm比色皿，以水为参比，于510nm处测其吸光度值，由经过空白校正的吸光度对铁的质量（μg）作图，绘制校正曲线。各批试剂的铁含量如不同，每新配一次试液，都需重新绘制校正曲线，将结果记录在表16-2中。

三、水样中亚铁离子的测定

（1）取适量水样，过0.45μm微滤膜。

（2）预先取2mL优级浓盐酸置于100mL具塞水样瓶，将过微滤膜的水样注入其中，直接将水样注满样品瓶，塞好瓶塞以防氧化，一直保存到进行显色和测量（最好现场测定或现场显色）。

（3）分析时取适量水样分别置于3个50mL具塞比色管中，加入HAc-NH_4Ac缓冲溶液（pH=5.0）5.0mL，0.5%邻菲罗啉溶液2mL，定容至刻度，放置15min后用10mm比色皿，以水作参比于510nm处测其吸光度，并作空白校正，将结果记录在表 16-3 中。

四、总铁的测定

（1）取适量水样，过 0.22μm 微滤膜。将水样用优级纯浓盐酸酸化至 pH<1。

（2）取 3 份 50mL 水样分别置于 150mL 锥形瓶中，加入 1mL(1+3) 盐酸，1mL10%盐酸羟胺溶液，加热煮沸至挥发到 15mL 左右，冷却后转移至 50mL 具塞比色管中。

（3）分析时加入 5.0mL HAc-NH_4Ac 缓冲溶液（pH＝5.0），1mL 10%盐酸羟胺溶液，2mL0.5%邻菲罗啉溶液显色，定容至刻度，放置 15min 后用 10mm 比色皿，以试剂作参比于 510nm 处测其吸光度，做空白校正，将结果记录在表16-4 中。

第六节　数据记录与处理

一、数据记录

表 16-1　亚铁离子校正曲线的绘制

加入使用液体积/mL	0	2.0	4.0	6.0	8.0	10.0
标准溶液铁含量/μg						
吸光度						

线性回归方程：________；相关系数：________

表 16-2　总铁校正曲线的绘制

加入使用液体积/mL	0	2.0	4.0	6.0	8.0	10.0
标准溶液铁含量/μg						
吸光度						

线性回归方程：________；相关系数________

表 16-3　亚铁离子的测定数据

取样次数编号	1	2	3
取样体积 V/mL			
吸光度			
亚铁离子浓度/$mg \cdot L^{-1}$			

表 16-4 总铁的测定数据

取样次数编号	1	2	3
取样体积 V/mL			
吸光度			
铁离子浓度/mg·L^{-1}			

二、数据处理

铁的含量按式（16-3）计算：

$$铁(Fe, mg/L) = \frac{m}{V} \tag{16-3}$$

式中 m——根据标准曲线计算出的水样中铁的含量，μg；
V——取样体积，mL。

第七节 注 意 事 项

（1）测定时，控制溶液酸度在 pH = 2 ~ 9 较适宜，酸度过高，反应速度慢，酸度太低，则 Fe^{2+} 水解，影响显色。

（2）对于铁离子浓度大于 5.00mg/L 的水样，可适当稀释后再进行测定。

（3）含 CN^- 或 S^{2-} 离子的水样酸化时，必须要小心进行，因为会产生有毒气体。

（4）邻菲罗啉溶于 300 份水，因此在配制 2%邻菲罗啉溶液时要滴加浓 HCl，直至其完全没有白色不溶物后再转移至容量瓶中定容。

（5）邻菲罗啉能与某些金属离子形成有色配合物而干扰测定。但在乙酸-乙酸铵缓冲溶液中，不大于铁浓度 10 倍的铜、锌、钴、铬及小于 2mg/L 的镍，不干扰测定，当浓度再高时，可加入过量显色剂予以消除。汞、镉、银能与邻菲罗啉形成沉淀，若浓度低时，可加过量邻菲罗啉来消除；浓度高时，可将沉淀过滤去除。水样有底色，可用不加邻菲罗啉的试液做参比，对水样的底色进行校正。

第八节 思考与讨论

（1）邻菲罗啉分光光度法测定水样中微量铁有什么特点？采用该法测得的为什么是水样中的亚铁和总铁？

（2）在测定水样中亚铁离子浓度的实验中，在采样过程中应注意哪些事项？

（3）本实验中各试剂的加入过程哪些要求很准确（用刻度移液管量取），哪些不要求很准确（用量筒），为什么？

（4）采用回归方程计算与从校正曲线求得铁的含量，各有什么优缺点？

参考文献

[1] 国家环境保护部. HJ/T 345—2007 水质铁的测定邻菲罗啉分光光度法（试行）[S] 北京：中国环境科学出版社，2007.

[2] Tamura H, Goto K, Yotsuyanagi T, et al. Spectrophotometric determination of iron（Ⅱ）with 1, 10-phenanthroline in the presence of large amounts of iron（Ⅲ）[J]. Talanta, 1974, 21: 314~318.

[3] Wu F, Deng N S. Photochemistry of hydrolytic iron（Ⅲ）species and photoinduced degradation of organic compounds A minireview [J]. Chemosphere, 2000, 41（8）: 1137~1147.

附　录

不同室温下配制饱和乙酸钠溶液时，乙酸钠称取质量可参考表16-5。

表 16-5　不同温度下乙酸钠溶解度

温度 T/℃	21.5	26.0	30.0	34.5	40.5	49.5	50.5
100g 水中乙酸钠的最大溶解 M/g	20.01	32.62	35.04	38.07	42.1	47.13	66.34

第十七章　土壤阳离子交换量的测定

第一节　实验背景

土壤是指地球表面的一层疏松的物质，能与环境间进行物质循环和能量交换，由各种颗粒状矿物质、有机物质、水分、空气、微生物等组成，能生长植物。土壤由岩石风化而成的矿物质、动植物、微生物残体腐解产生的有机质、土壤生物（固相物质）以及水分（液相物质）、空气（气相物质），氧化的腐殖质等组成。

土壤的阳离子交换量（CEC）是指带负电荷的土壤胶体，借静电引力而吸附溶液中阳离子的数量，以每千克干土所含全部代换性阳离子的物质的量（cmol/kg）表示。土壤的阳离子交换性能是由土壤胶体表面性质所决定的，由有机质的交换基与无机质的交换基所构成，有机质主要是腐殖质，无机质主要是黏土矿物。它们在土壤中互相结合着，形成的有机-无机复合体所吸附的阳离子总量包括交换性盐基和水解性酸，两者的总和即为CEC，所能吸收的阳离子总量包括交换性盐基（K^+、Na^+、Ca^{2+}、Mg^{2+}）和水解性酸，两者的总和即为阳离子交换量。其交换过程是土壤固相阳离子与溶液中阳离子起等量交换作用。它是评价土壤保水保肥能力、缓冲能力的重要指标，同时也能反映土壤对酸雨的敏感程度。

土壤阳离子交换特点：土壤阳离子交换是一个可逆的反应，可以迅速达到平衡，而且是等价离子交换，同时也服从质量作用定律。同时土壤胶体上各种交换性盐基离子之间具有相互影响的作用（互补离子效应）。

影响阳离子交换量的因素：

（1）胶体类型。不同类型的土壤胶体的阳离子交换量有所不同，例如以下不同类型土壤的CEC分别为：腐殖质（200cmol/kg）、蛭石（100~150cmol/kg）、蒙脱石（70~95cmol/kg）、伊利石（10~40cmol/kg）、高岭石（3~15cmol/kg）。

（2）胶体数量。胶体的数量越大阳离子交换量越大。

（3）土壤的质地。土壤越黏重，含黏粒越多的土壤，阳离子交换量越大，黏土>壤土>砂壤土>砂土。

（4）土壤的pH值。介质pH值升高，土壤胶体微粒表面所负电荷也增加，其阳离子交换量也变大。

（5）离子半径及水化程度。同价的离子交换能力的大小依据其离子半径及其离子水化程度，离子半径越大交换能力越好。

（6）电荷的影响。根据库仑定律，阳离子价数越高交换能力越强。

目前土壤的阳离子交换量测定的方法根据土壤 pH 值的不同而各有差异。测定酸性和中性土壤阳离子交换量的方法最经典，常用的有乙酸铵交换法，其次有氯化钡-硫酸交换法；测定石灰性土壤的阳离子交换量的方法一般为盐酸乙酸钙交换法、氯化铵-乙酸铵离心交换法、乙酸钠-火焰光度法等，三氯化六氨合钴-分光光度法能较好测定黏土中的阳离子交换量。

乙酸铵交换法：乙酸铵的缓冲性强，不易破坏土壤吸收复合体，先后交换出来的溶液 pH 值基本不变，另外，乙酸铵法测定酸性土壤中阳离子交换量的结果稳定，重现性好，准确度高，因此该方法依然为现今最为常用的测定阳离子交换量的方法。但是该方法要经过多次处理，离心分离耗时长，步骤繁琐；处理好的样品还需蒸馏定氮，容易造成待测组分损失严重，使测定结果偏低。对于热带和亚热带的酸性、微酸性土壤，由于浸提液 pH 值和离子强度太高，与实际情况相差较大，所得结果较实际情况偏高很多。

氯化钡-硫酸强迫法：操作过程简便快捷，涉及试剂较少，成本较低，结果稳定性强，但其受土壤 pH 值影响较大，特别是 pH 值小于 5.6 的土壤，氯化钡-硫酸强迫法难以反映土壤样品阳离子交换量的真实差异。

三氯化六氨合钴浸提-分光光度法：在溶液黏土体系中，高价离子易把低价离子交换出来，浓度高的易把溶度低的交换出来，同价离子中，离子半径小的离子因水化层厚交换能力低于离子半径大的。$[Co(NH_3)_6]^{3+}$是电荷高（3+），离子半径大（0.2nm），在 474nm 处有最大吸收，并在宽的 pH 值范围内（pH1～14）稳定性好的配离子，是理想的交换离子。黏土中共生的非黏土矿物、游离金属离子不干扰其测定，只需一次彻底交换即得测试结果。但是土壤中可溶性有机物较多时对测定结果会产生较大影响。

本实验选取乙酸铵交换法、氯化钡-硫酸强迫法和三氯化六氨合钴浸提-分光光度法三种方法进行介绍。

第二节　乙酸铵交换法

一、实验目的

（1）土壤阳离子交换量的概念及影响因素；

（2）学习乙酸铵交换法的基本原理和方法；

（3）通过测定不同土壤的阳离子交换量，了解不同土壤阳离子交换量的差异。

二、实验原理

用中性乙酸铵溶液反复处理土壤，使土壤成为铵饱和的土，再用95%乙醇洗去多余的乙酸铵后，用水将土样洗入凯氏瓶中，加固体氧化镁蒸馏，蒸馏出的氨用硼酸溶液吸收，然后用盐酸标准溶液滴定，根据铵的量计算土壤阳离子交换量。本方法适用于酸性和中性土壤中阳离子交换量的测定。

三、实验仪器与试剂药品

（一）实验仪器

离心机，凯氏瓶（150mL），离心管（100mL），架盘天平，蒸馏装置（如图17-1所示）。

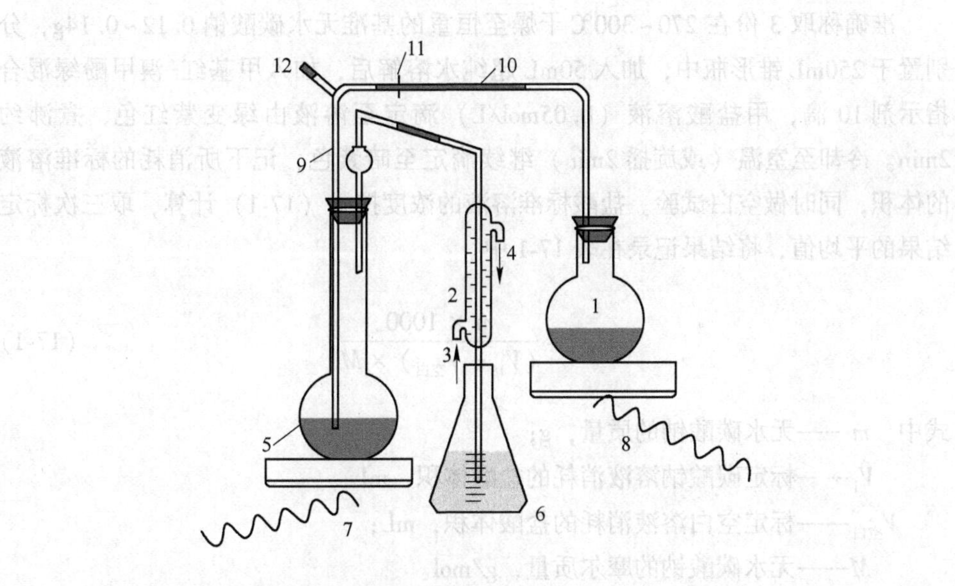

图 17-1　蒸馏装置示意图

1—蒸汽发生器；2—冷凝系统；3—冷凝水进口；4—冷凝水出口；
5—凯氏烧瓶；6—吸收瓶；7，8—电炉；9—Y形管；
10—橡皮管；11—螺丝夹；12—弹簧夹

（二）试剂药品

（1）无水乙醇（95%）。

（2）固体氧化镁：将氧化镁（化学纯）放于镍蒸发器中，在500～600℃高温电炉中灼烧半小时，冷后储藏于密闭的玻璃容器中。

(3) 液体石蜡(化学纯)。

(4) 纳氏试剂:将134g氢氧化钾溶于460mL水中。另称取20g碘化钾溶于50mL水中,加入32g碘化汞使其溶解至饱和状态。然后将两溶液合并即得到。

(5) 乙酸铵溶液(1mol/L,pH=7):将77.09g乙酸铵用水溶解,稀释至近1L,用1∶1的氨水或稀乙酸调节至pH值为7.0,然后加水稀释至1L。

(6) 甲基红-溴甲酚绿混合指示剂:称取0.066g甲基红和0.099g溴甲酚绿于玛瑙研钵中,加入少量95%乙醇,研磨至指示剂完全溶解为止,最后加95%乙醇至100mL。

(7) HCl标准溶液:每升水中注入4.5mL浓HCl,得到盐酸溶液浓度0.05mol/L,充分混匀,用碳酸钠标准溶液标定,具体方法如下:

准确称取3份在270~300℃干燥至恒重的基准无水碳酸钠0.12~0.14g,分别置于250mL锥形瓶中,加入50mL超纯水溶解后,加入甲基红-溴甲酚绿混合指示剂10滴,用盐酸溶液(0.05mol/L)滴定至溶液由绿变紫红色,煮沸约2min。冷却至室温(或旋摇2min)继续滴定至暗紫色,记下所消耗的标准溶液的体积,同时做空白试验。盐酸标准溶液的浓度按式(17-1)计算,取三次标定结果的平均值,将结果记录在表17-1中。

$$C_{HCl} = \frac{m \times 1000}{(V_1 - V_{空白}) \times M} \tag{17-1}$$

式中 m——无水碳酸钠的质量,g;

V_1——标定碳酸钠溶液消耗的盐酸体积,mL;

$V_{空白}$——标定空白溶液消耗的盐酸体积,mL;

M——无水碳酸钠的摩尔质量,g/mol。

(8) 硼酸指示剂溶液:

称取20g硼酸(H_3BO_3,化学纯)溶于1L水中,浓度为20g/L。每升硼酸溶液中加入甲基红-溴甲酚绿混合指示剂20mL,并用稀酸或稀碱调节至紫红色(酒红色),此时该溶液的pH值为4.5。

(9) 缓冲溶液(pH=10):称取67.5g氯化铵溶于无二氧化碳水中,加入新开瓶的浓氨水(0.90g/mL,570mL)用无二氧化碳水稀释至1000mL,贮于塑料瓶中。并注意防止吸入空气中的二氧化碳,调节缓冲溶液pH值为10。

(10) 酸性铬蓝K-萘酚绿B混合指示剂:称取0.5g酸性铬蓝K和1.0g萘酚绿B与于105℃烘过的氯化钠100g相互研细磨匀贮于棕色瓶中。

四、实验步骤

（一）预处理

（1）称取通过2mm筛孔的风干土样2.00g（精确至0.01g）置于100mL离心管中（称取5.00g质地轻的土样，精确至0.01g）。

（2）沿离心管壁加入少量1mol/L乙酸铵溶液，用橡皮头玻璃棒搅拌土样，使其成为均匀的泥浆状态。

（二）加入乙酸铵

再向离心管中加入1mol/L乙酸铵溶液至总体积约60mL，充分搅拌均匀，然后用1mol/L乙酸铵溶液洗净橡皮头玻璃棒，洗液收入离心管内。

（三）离心分离

（1）将离心管成对放在架盘天平的两盘，用1mol/L乙酸铵溶液使之质量平衡。

（2）平衡好的离心管对称地放入离心机中，离心3～5min，转速3000～4000r/min。如不测定交换性盐基时，每次离心后的上清液可弃去；如需测定交换性盐基时，每次离心后的上清液收集在250mL容量瓶中，如此用乙酸铵溶液处理3～5次，直至浸出液无钙离子反应为止。

（3）收集的浸出液最后用1mol/L乙酸铵溶液定容，用来测定交换性盐基。

（四）清洗

向有土样的离心管中加入少量95%乙醇清洗土样残渣，用橡皮头玻璃棒搅拌土样，使其成为泥浆状态。再加入95%乙醇至总体积约60mL，并充分搅拌均匀，以便洗去土粒表面多余的乙酸铵溶液，切不可有小土团存在。然后将离心管成对放在架盘天平的两盘上，用95%乙醇使之质量平衡。平衡离心管后离心3～5min，转速3000～4000r/min。如此反复洗4次左右，清洗到最后一次乙醇溶液中无铵离子存在（用纳氏试剂检查无黄色反应）。

（五）蒸馏定氮

（1）将处理后的土样残渣用蒸馏水冲洗转移至150mL凯氏瓶中，并用橡皮头玻璃棒擦洗管内壁，冲洗后管内混合液体积控制在50～80mL。蒸馏开始前加入1g氧化镁与2mL液体石蜡。

（2）将凯氏瓶放在蒸馏装置上，同时将盛有硼酸指示剂溶液的锥形瓶用缓冲管连接在冷凝管的下端。打开螺丝夹通入蒸气，蒸气发生器内的水要先加热至沸腾，随后摇动凯氏瓶使其混合均匀。开启凯氏瓶下的电炉并接通冷凝系统的流水。用螺丝夹调节蒸气流速使流速保持一致，待馏出液约达到80mL左右后，用纳氏试剂检查蒸馏是否完全（纳氏试剂无黄色反应）。

（六）测定

(1) 将缓冲管连同锥形瓶内的吸收液一起取下，用水冲洗缓冲管的内外壁洗入锥形瓶内。

(2) 向锥形瓶内加入 2 滴甲基红-溴甲酚绿混合指示剂再用盐酸标准溶液滴定至溶液呈酒红色为终点，将盐酸消耗体积记录在表 17-2 中。同时做空白试验。

五、数据记录与处理

（一）盐酸的标定

表 17-1 盐酸浓度

项　目	空白 1	空白 2	1	2	3
碳酸盐质量/g	—	—			
使用的 HCl 体积/mL					
使用 HCl 平均体积/mL					
HCl 浓度/mol · L^{-1}					

（二）离子交换数据记录

表 17-2 土样的阳离子交换量

<table>
<tr><td>土　壤</td><td colspan="2">土样 1</td><td colspan="2">土样 2</td><td colspan="2">土样 3</td><td rowspan="2">V_0 /mL</td><td>V_{01}</td><td></td></tr>
<tr><td>干土重 m/g</td><td></td><td></td><td></td><td></td><td></td><td></td><td>V_{02}</td><td></td></tr>
<tr><td>V/mL</td><td></td><td></td><td></td><td></td><td></td><td></td><td colspan="2" rowspan="3">盐酸浓度/mol · L^{-1}</td><td rowspan="3"></td></tr>
<tr><td>交换量/cmol · kg^{-1}</td><td></td><td></td><td></td><td></td><td></td><td></td></tr>
<tr><td>平均交换量/cmol · kg^{-1}</td><td colspan="2"></td><td colspan="2"></td><td colspan="2"></td></tr>
</table>

土样的阳离子交换量计算见式（17-2）：

$$\mathrm{CEC} = \frac{C(V - V_0) \times 1000}{mK \times 10} \tag{17-2}$$

式中　CEC——阳离子交换量，cmol/kg；

C——盐酸标准溶液浓度，mol/L；

m——风干土样质量，g；

V——盐酸标准溶液用量，mL；

V_0——空白试验盐酸标准溶液用量，mL；

K——风干土样换算成烘干土样的水分换算系数。

六、注意事项

（1）本法也可以改用过滤洗涤法代替离心机离心法操作。

（2）检查浸出液中的钙离子，可取最后一次乙酸铵浸出液 5mL 置于试管中，加入 1mL pH10 缓冲液，再加少许酸性铬蓝 K-萘酚绿 B 混合指示剂。如浸出液呈蓝色，表示无钙离子；如呈紫红色，表示有钙离子，还须用乙酸铵溶液继续浸提。

（3）在蒸馏过程中要注意防止溶液的倒吸，在蒸馏结束前应使馏出液管出口离开吸收液的液面，继续蒸片刻，使管中的吸收液全部洗入锥形瓶中，松开弹簧夹。移开锥形瓶后，再停止加热，切不可先停止加热，否则吸收液将发生倒吸。

七、思考与讨论

（1）为什么不能用直接法配制盐酸标准溶液？

（2）简述乙酸钠交换法测定土壤阳离子交换量的优缺点。

（3）就你的实验数据说明三种土壤阳离子交换量差别的原因是什么？

第三节　氯化钡-硫酸交换法

一、实验目的

（1）学习氯化钡-硫酸交换法的基本原理；

（2）学习并掌握氯化钡-硫酸交换法测定土壤阳离子交换量的方法。

二、实验原理

氯化钡水溶液中的钡离子与土壤中存在的多种阳离子进行等价交换。使用氯化钡溶液处理土壤，使之 Ba^{2+} 饱和，之后洗去多余的氯化钡溶液，再用强电解质硫酸溶液把交换到土壤中的 Ba^{2+} 再次交换下来，生成硫酸钡沉淀，氢离子具有很强的交换吸附能力，使交换反应基本趋于完全。这样通过测定交换反应前后硫酸含量的变化，可以计算出消耗硫酸的量，从而计算出阳离子交换量。反应过程见式（17-3）：

$$\text{土壤}\begin{matrix}Ca^{2+}\\Mg^{2+}\\Al^{3+}\\Na^{+}\\K^{+}\\H^{+}\end{matrix}\xrightarrow{BaCl_2}\text{土壤}\begin{matrix}Ba^{2+}\\Ba^{2+}\\Ba^{2+}\\Ba^{2+}\\Ba^{2+}\\Ba^{2+}\end{matrix}\quad\begin{matrix}CaCl_2\\MgCl_2\\AlCl_3\\NaCl\\KCl\\HCl\end{matrix}\xrightarrow{H_2SO_4}\text{土壤}\begin{matrix}H^{+}\\H^{+}\\H^{+}\\H^{+}\\H^{+}\\H^{+}\end{matrix}+BaSO_4\downarrow \tag{17-3}$$

三、实验仪器与试剂药品

（一）实验仪器

电子天平，离心机，离心管（100mL），锥形瓶（100mL），量筒，移液管（10mL，25mL）。

（二）试剂药品

（1）氯化钡溶液（1.0mol/L）：称取60g氯化钡（$BaCl_2 \cdot 2H_2O$）溶于水中，转移至500mL容量瓶中，用蒸馏水定容。

（2）硫酸溶液（0.1mol/L）：移取5.36mL浓硫酸至1000mL容量瓶中，用水稀释至刻度后，用标准氢氧化钠溶液标定浓度。

（3）0.1%的酚酞指示剂：称取0.1g酚酞溶于100mL 95%的乙醇中。

（4）标准氢氧化钠溶液（0.1mol/L）：称取2g氢氧化钠溶解于500mL煮沸并冷却的蒸馏水中，转入塑料试剂瓶中保存，临用前其浓度按下面方法标定。

分别称取3份0.5g邻苯二甲酸氢钾（预先在烘箱中105℃烘干）于250mL锥形瓶中，加100mL煮沸并冷却的蒸馏水溶解，滴加4滴酚酞指示剂，用配制好的氢氧化钠溶液滴定至淡红色，并保持30s。再用煮沸并冷却的蒸馏水做空白试验，并从滴定邻苯二甲酸氢钾的氢氧化钠溶液的体积中扣除空白值。将实验结果记录在表17-3中。计算公式如下：

$$C_{NaOH} = \frac{m \times 1000}{(V - V_{\text{空白}})M} \tag{17-4}$$

式中 m——邻苯二甲酸氢钾的质量，g；

V——滴定邻苯二甲酸氢钾溶液消耗的氢氧化钠体积，mL；

$V_{\text{空白}}$——滴定空白溶液消耗的氢氧化钠体积，mL；

M——邻苯二甲酸氢钾的摩尔质量，g/mol。

四、实验步骤

（1）提取分离。

1）取2只洗净烘干且质量相近的100mL离心管，在天平上称出其质量 W（g）（准确至0.0001g）。

2）分别向其中加入土样2g（土样过2mm筛孔），加20mL1.0mol/L的氯化钡溶液到离心管中，用带橡皮头玻璃棒搅拌3~5min后，以转速3000r/min在离心机上离心至下层土样变得紧实为止。

3）离心完成后倒掉上清液，再加入20mL氯化钡溶液，重复上述操作。

（2）在离心管内加20mL蒸馏水，用橡皮头玻璃棒搅拌3~5min，然后离心沉降，离心完成后倒掉上清液。重复多次，直至样品中无氯离子存在（用硝酸银溶液检验）。倒尽上清液后，用滤纸擦干离心管外壁，在天平上称出整个离心管质量 G（g）。

（3）移取25.00mL硫酸溶液（0.1mol/L，浓度需标定）至离心管中，充分搅拌分散土壤，并用振荡机振荡15min，然后放置20min后离心沉降。离心后，把上清液分别转入干燥的试管中，再从中移取10.00mL溶液分别到2个锥形瓶中。

（4）测定。在锥形瓶中，加1~2滴酚酞指示剂，再用已标定的标准氢氧化钠溶液滴定，直至溶液转为红色并数分钟不退色，记录所消耗的氢氧化钠溶液体积 B(mL)，将实验结果记录在表17-4中。

（5）空白实验。移取10.00mL 0.1mol/L硫酸溶液两份，同步骤（4）操作，记下终点时消耗标准氢氧化钠溶液的体积数 A(mL)，将实验结果记录在表17-4中。

五、数据记录与处理

（一）氢氧化钠的标定

表17-3　氢氧化钠浓度

项　目	空白1	空白2	1	2	3
邻苯二甲酸氢钾质量/g	—	—			
使用的NaOH体积/mL					
使用NaOH平均体积/mL					
NaOH浓度/mol·L^{-1}					

（二）离子交换数据记录

表 17-4　土样阳离子交换量

<table>
<tr><td>土壤</td><td>土样 1</td><td>土样 2</td><td>土样 3</td><td rowspan="3">A
/mL</td><td>1</td><td></td></tr>
<tr><td>W_0/g</td><td></td><td></td><td></td><td>2</td><td></td></tr>
<tr><td>W/g</td><td></td><td></td><td></td><td>平均</td><td></td></tr>
<tr><td>G/g</td><td></td><td></td><td></td><td colspan="2" rowspan="3">氧化钠浓度
/mol · L^{-1}</td><td rowspan="3"></td></tr>
<tr><td>B/mL</td><td></td><td></td><td></td></tr>
<tr><td>交换量/cmol · kg^{-1}</td><td></td><td></td><td></td></tr>
</table>

表 17-4 中交换量（CEC）计算公式见式（17-5）：

$$\mathrm{CEC}=\frac{\left(A\times 2.5-B\times\dfrac{25+G-W-W_0}{10}\right)\times C}{W_0}\times 100 \tag{17-5}$$

式中　CEC——土壤阳离子交换量，cmol/kg；

A——滴定 0.1mol/L 硫酸消耗氢氧化钠的体积，mL；

B——滴定土壤样品消耗标准氢氧化钠溶液体积，mL；

W_0——称取的土样重，g；

W——离心管的质量，g；

G——交换后离心管+土样的质量（含水），g；

C——标准氢氧化钠溶液的浓度，mol/L。

六、注意事项

（1）实验过程中含水量将引起硫酸浓度的变化，使滴定时消耗的氢氧化钠体积变化，因此须要进行湿度校正。

（2）实验中多次用到离心管，应注意在每次进行离心时使处于对称位置的离心管质量基本相同。

七、思考与讨论

（1）氯化钡-硫酸交换法主要适用于哪种类型土壤中阳离子交换量的测定？

（2）简述氯化钡-硫酸交换法测定土壤阳离子交换量的优缺点。

（3）实验中的误差主要有哪些？

（4）比较乙酸铵交换法和氯化钡-硫酸交换法的区别。

第四节　三氯化六氨合钴浸提-分光光度法

一、实验目的

（1）了解三氯化六氨合钴-分光光度法测定土壤阳离子交换量的原理和步骤；

（2）掌握分光光度计的使用。

二、实验原理

在（20±2）℃条件下，用三氯化六氨合钴溶液作为浸提液浸提土壤，土壤中的阳离子被三氯化六氨合钴交换下来进入溶液。三氯化六氨合钴在475nm处有特征吸收，吸光度与浓度成正比，根据浸提前后浸提液吸光度差值，计算土壤阳离子交换量。

三氯化六氨合钴配合物电荷高，3价离子，离子半径大（0.2nm），具有较强的离子交换能力；配离子$Co(NH_3)_6$在宽的pH值范围（pH1～14）很稳定，常温时遇强酸和强碱也基本不分解。本方法适用范围确定为酸性、中性和碱性土壤中有效态阳离子交换量的测定。

三、实验仪器与试剂药品

（一）实验仪器

分光光度计（配备10mm光程比色皿），振荡器（振荡频率可控制在150～200次/min），离心机（转速可达4000r/min，配备100mL具密封盖圆底塑料离心管），分析天平（感量为0.001g和0.01g），尼龙筛（10目，孔径1.7mm）。

（二）试剂药品

三氯化六氨合钴（1.66cmol/L）：准确称取4.458g三氯化六氨合钴（优级纯）溶于水中，定容至1000mL，4℃低温保存。

四、实验步骤

（一）样品采集和保存

（1）土壤样品采集时，应使用木刀、木片或聚乙烯采样工具，土壤样品用布袋或塑料袋贮存。将土样放置于风干盘中，摊成2～3cm的薄层，适时地压碎、翻动，拣出碎石、砂砾、植物残体。

（2）将风干的样品倒在有机玻璃板上，用木锤敲打，用木滚、木棒、有机玻璃棒再次压碎，捡出杂质，混匀，并用四分法取压碎样，过孔径0.25mm（20

目）尼龙筛。

（二）试样的制备

称取3.5g混匀后的样品，置于100mL离心管中，加入50.0mL三氯化六氨合钴溶液，旋紧离心管密封盖，置于振荡器上，在（20±2）℃条件下振荡（60±5）min，调节振荡频率，使土壤浸提液混合物在振荡过程中保持悬浮状态。以4000r/min离心10min，收集上清液于比色管中，24h完成分析。

（三）空白试样的制备

用实验用水代替土壤，置于100mL离心管中，加入50.0mL三氯化六氨合钴溶液，旋紧离心管密封盖，置于振荡器上，在（20±2）℃条件下振荡（60±5）min，调节振荡频率，使土壤浸提液混合物在振荡过程中保持悬浮状态。以4000r/min离心10min，收集上清液于比色管中，上机测定。

（四）标准曲线

（1）分别量取0.00mL、1.00mL、3.00mL、5.00mL、7.00mL、9.00mL三氯化六氨合钴溶液于6个10mL比色管中，分别用水稀释至标线，三氯化六氨合钴的浓度分别为0.000cmol/L、0.166cmol/L、0.498cmol/L、0.830cmol/L、1.16cmol/L和1.49cmol/L。

（2）用10mm比色皿在波长475nm处，以水为参比，分别测量吸光度。

（3）以标准系列溶液中三氯化六氨合钴溶液的浓度（cmol/L）为横坐标，以其对应吸光度为纵坐标，建立标准曲线，将结果记录在表17-5中。

（五）试样测定

取适量体积用三氯化六氨合钴浸提后的上清液于10mL比色管中，加水稀释至标线，用10mm比色皿在波长475nm处，以水为参比，分别测量吸光度，将测定结果及计算结果填写在表17-6中。

五、数据记录与处理

（一）数据记录

表17-5　三氯化六氨合钴标准曲线的绘制

加入使用液体积/mL	0.00	1.00	3.00	5.00	7.00	9.00
三氯化六氨合钴的浓度/cmol·L^{-1}						
吸光度						

线性回归方程：________；相关系数：________

（二）样品结果计算

表 17-6 土样的阳离子交换量

土　壤	土样 1		土样 2		土样 3		A_0/mL	1	
新鲜土壤/g								2	
m/g								平均	
V/mL							三氯化六氨合钴浓度/$cmol \cdot L^{-1}$		
A									
交换量/$cmol \cdot kg^{-1}$									
平均交换量/$cmol \cdot kg^{-1}$									

样品中，按照式（17-6）进行计算：

$$CEC = \frac{(A_0 - A)V \times 3}{bmw_{dm}} \tag{17-6}$$

式中 CEC——土壤样品阳离子交换量，cmol/kg；
A_0——空白试样吸光度；
A——试样吸光度或校正吸光度；
V——浸提液体积，mL；
3——$[Co(NH_3)_6]^{3+}$的电荷数；
b——标准曲线斜率；
m——取样量，g；
w_{dm}——土壤样品干物质含量，%。

六、注意事项

（1）当试样中溶解的有机质较多时，有机质在 475nm 处也有吸收，影响阳离子交换量的测定结果。可同时在 380nm 处测量试样吸光度，用来校正可溶有机质的干扰。

假设 A_1 和 A_2 分别为试样在 475nm 和 380nm 处测量所得的吸光度，则试样校正吸光度 A 为：$A = 1.025A_1 - 0.205A_2$。

（2）每批样品应做标准曲线，标准曲线的相关系数不应小于 0.999。

（3）离心上清液中若有悬浮杂质，可用慢速滤纸过滤后测定。

七、思考与讨论

（1）该方法与前两种方法相比，其优点有哪些？

（2）六氨合钴离子作为交换离子，其特点有哪些？

（3）对于阳离子交换量不大的土壤，若要得到可靠的结果，应如何调整交换离子浓度和用量？

参考文献

[1] LY/T 1243—1999 森林土壤阳离子交换量的测定 [S].

[2] NY/T 1121.5—2006 土壤检测第5部分：石灰性土壤阳离子交换量的测定 [S].

[3] HJ 889—2017 土壤阳离子交换量的测定　三氯化六氨合钴-分光光度法 [S].

[4] 冯献芳，汪曼洁，王晓燕，等．土壤阳离子交换量两种分析的比较 [J]. 广东化工，2013，3：37~39.

[5] 谭美娟，王晨霞，卫晋波．乙酸铵交换法测定酸性土壤阳离子交换量的方法改良探讨 [J]. 化工管理，2016（20）：148~150.

[6] 张彦雄，李丹，张佐玉，等．两种土壤阳离子交换量测定方法的比较 [J]. 贵州林业科技，2010，38（2）：45~49.

第十八章　土壤中不同形态砷的提取测定

第一节　实验背景

砷（As）广泛存在于大气、水体、土壤和岩石中，其平均地壳丰度为2mg/kg。由于人类取水灌溉、采矿和农业生产，特别是打井取水饮用等活动，以及受各地区的生态环境和气候影响，砷化合物大量进入地球表层与地表水中，带来了严重的砷污染问题。砷污染问题已成为全球环境问题，中国也是受砷污染最为严重的国家之一，新疆、内蒙古、湖南、云南、广西、广东、贵州等省区，出现了较严重的砷污染。

砷是一种有毒且致癌的化学元素，是地壳的微量元素之一。土壤中砷在自然状态下含量是非常低的。近50年来，随着矿产资源大量开发，工业污水的灌溉和农药的大量使用，土壤中砷污染日趋严重。

砷作为一种变价元素，在自然界主要是以-3、0、+3和+5这四种形态存在，其中最主要是以+3和+5存在。土壤中有检测到甲基胂酸和二甲基砷酸的报道，但三价和五价的无机砷的量决定了总砷的量。无机砷毒性远大于有机砷，其中As(Ⅲ)较As(Ⅴ)毒性高约60倍。砷总量的测定已经不能充分反映砷化合物的环境健康效应，砷形态分析，尤其是土壤中As(Ⅲ)和As(Ⅴ)的测定对砷的环境毒理学和生物地球化学循环具有重要意义。

为了保持不同形态砷的完整性，应密切关注分离步骤。砷的形态分析与其他许多金属一样，涉及复杂的操作步骤。Tessier等提出了五步连续提取法，该法详细划分了金属元素各种不同结合形态的分布，该方法将重金属分为5种结合形态：金属可交换态（可交换态）、碳酸盐结合态（碳酸盐态）、铁（锰）氧化物结合态（铁/锰态）、有机质及硫化物结合态（有机态）、残渣晶格结合态（残渣态），该方法经历了较长时间的研究和测试，应用范围较广，但该方法提取剂缺乏选择性，提取过程中存在重吸附和再分配现象。简化的连续提取法也同样开发用于实际应用中，如将金属分为三级，将其应用于金属元素的风险评估和风险管理中。尽管这些连续提取技术能提供一些关于环境中砷的来源、生物可利用性以及迁移性，但是不同氧化态的砷如无机五价砷（As(Ⅴ)）和三价砷（As(Ⅲ)）等信息却无从得知，而这两种形态是土壤和沉积物中砷的最主要存在形态。

大量的研究表明土壤和沉积物中 As(Ⅲ) 和 As(Ⅴ) 可以通过许多提取剂进行提取分离。但是砷形态之间的转化，尤其是 As(Ⅲ) 向 As(Ⅴ) 的氧化出现在提取过程中，因而难以反映原本砷的氧化还原形态。采用盐酸提取法从土壤中提取砷由于提取剂造成的强酸条件过于激进，可能导致砷形态的转化。单独磷酸和磷酸与盐酸羟胺混合液也被用于提取土壤和沉积物中砷的不同形态。X 射线吸收光谱法也直接用于分析砷在固相体系中的不同形态，但是这种方法对不同真实环境样品非常敏感而限制其广泛应用。

关于土壤砷的提取方法有微波提取、振荡提取、超声提取、水浴提取。微波辅助提取（MAE）技术是在微波消解的基础上优化改进而来的，它能够选择性地将样品中的目标组分以其初始形态的形式萃取出来。当提取物和溶剂共处于快速振动的微波电磁场中时，目标组分的分子在高频电磁波的作用下，高速振动产生热能，使分子本身获得巨大的能量而得以挣脱周围环境的束缚。当环境存在一定浓度差时，即可在非常短的时间内实现分子自内向外的迁移，因此微波可在短时间内达到提取的目的。另外它具有回收率高和溶剂消耗少的优点。Ackley 建立微波辅助提取 HPLC- ICP-MS 的方法，测定鱼中 6 种砷的含量，该方法萃取时间较短，回收率可达 100%。Yehl 以 HCl-丙酮为萃取剂，160℃下萃取土壤和沉积物中一甲基胂酸。由于机械震荡和传统的超声水浴震荡方式提取效率较低且费时较长，所以微波辅助提取方式被大量应用于砷形态分析中。本实验采用磷酸为提取剂微波辅助提取土壤中的不同形态砷，采用氢化物发生-原子荧光光度法（HG-AFS）分别测定 As(Ⅲ) 和 As(Total) 的浓度，然后通过差减法得到 As(Ⅴ) 的浓度。

第二节　实 验 目 的

（1）通过对土壤中砷的形态分析，掌握用微波辅助提取土壤中不同形态砷的方法；

（2）学会氢化物发生-原子荧光光度计的操作；

（3）加深对土壤中重金属砷的形态分析与土壤中重金属砷的迁移转化归宿相关性的认识，以及了解它在环境容量研究与土壤处理中应用的意义。

第三节　实 验 原 理

由于砷在提取过程中 As(Ⅲ) 很容易转化成 As(Ⅴ)，因此必须采取比较中性的提取剂和提取方法，确保能有效提取且不改变样品中砷化合物的形态及组成，同时，还要求提取剂对砷在 HG-AFS 测定中的化学形态不产生干扰。

常用的土壤中砷的提取有草酸铵、草酸钠、磷酸、EDTA 等提取剂。磷酸作为土壤中砷的提取剂，与 As(Ⅲ) 及 As(Ⅴ) 具有类似的分子结构（图 18-1），可以与土壤形成配合物，能解析出土壤中的砷，并能保持类似于自然环境的温和的提取环境，提取效果较佳。

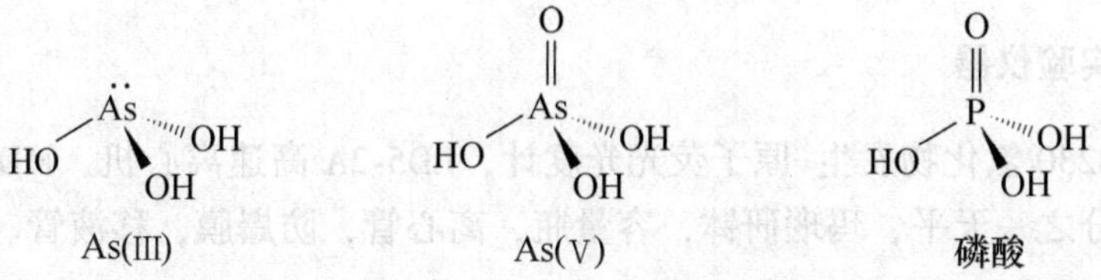

图 18-1 As(Ⅲ)、As(Ⅴ) 及磷酸的结构式

本实验采取磷酸作为提取剂，但单独使用磷酸作提取剂提取过程中 As(Ⅲ) 会部分转化为 As(Ⅴ)，为了防止提取过程中 As(Ⅲ) 与 As(Ⅴ) 的相互转换必须加入抗坏血酸作为辅助提取剂，抗坏血酸可以作为还原剂抑制 As(Ⅲ) 转化为 As(Ⅴ)。微波辅助提取中提取剂和土壤中目标物在微波作用下迅速“加热”，采用低功率的微波萃取可以避免长时间高温分解样品，保持较温和的状态。以磷酸及抗坏血酸为提取剂微波辅助提取土壤中砷的基本原理如图 18-2 所示。

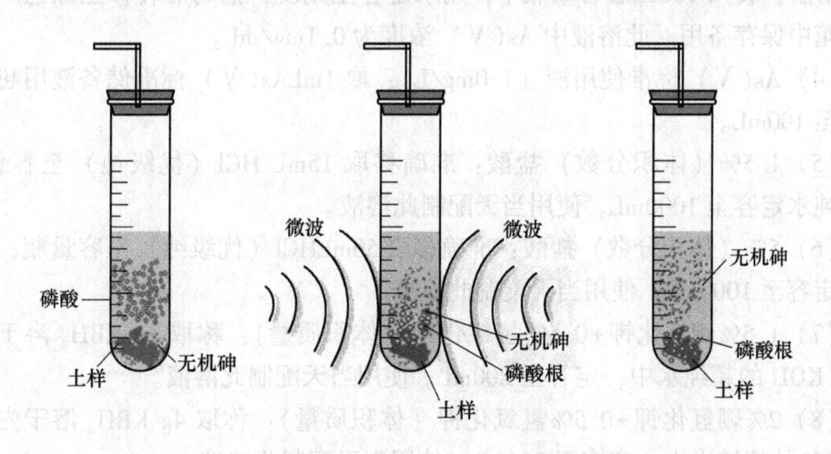

图 18-2 微波辅助提取原理

氢化物发生-原子荧光光度法（HG-AFS）测定砷是以 HCl 为载液，KBH_4 为还原剂，使溶液中 As(Ⅲ) 还原成 AsH_3。以氩气作载气将 AsH_3 导入原子化器，砷化氢在氢火焰中分解为砷原子和氢。以砷空心阴极灯做激发光源，砷原子受光

辐射激发产生电子跃迁，当激发态的电子返回基态时即发出荧光，荧光强度在一定的浓度范围内与As(Ⅲ) 含量成正比。测定As(Total) 时，样品中含有抗坏血酸-硫脲混合溶液，该溶液能够使As(Ⅴ) 还原为As(Ⅲ)。

第四节　实验仪器与试剂药品

一、实验仪器

AFS-8230氢化物发生-原子荧光光度计，LD5-2A高速离心机，MD6C微波消解仪，万分之一天平，玛瑙研钵，容量瓶，离心管，防爆膜，移液管。

二、试剂药品

(1) As(Ⅲ) 标准储备液（0.1mg/mL）：称取100℃干燥2h以上的As_2O_3 0.1320g，用适量的NaOH溶解后，加入10mL 2mol/L的H_2SO_4移入定容至1000mL。

(2) As(Ⅲ) 标准使用液（1.0mg/L）：取1mLAs(Ⅲ) 标准储备液用超纯水稀释至100mL。

(3) As(Ⅴ) 标准储备液（0.1mg/mL）：称取$Na_2HAsO_4 \cdot 7H_2O$ 0.4164g，加水溶解，转入1000mL容量瓶中，用水定容至刻度，摇匀后转移至棕色广口瓶于冰箱中保存备用。此溶液中As(Ⅴ) 浓度为0.1mg/mL。

(4) As(Ⅴ) 标准使用液（1.0mg/L）：取1mLAs(Ⅴ) 标准储备液用超纯水稀释至100mL。

(5) 1.5%（体积分数）盐酸：准确移取15mL HCl（优级纯）至容量瓶，用超纯水定容至1000mL。使用当天配制此溶液。

(6) 5%（体积分数）盐酸：准确移取50mLHCl（优级纯）至容量瓶，用超纯水定容至1000mL。使用当天配制此溶液。

(7) 1.5%硼氢化钾+0.5%氢氧化钾（体积质量）：称取3g KBH_4溶于先加有1g KOH的超纯水中，定容至200mL。使用当天配制此溶液。

(8) 2%硼氢化钾+0.5%氢氧化钾（体积质量）：称取4g KBH_4溶于先加有1g KOH的超纯水中，定容至200mL。使用当天配制此溶液。

(9) 0.5%硫脲+0.5%抗坏血酸（体积质量）：准确称取5g硫脲，超声溶解后加入5g抗坏血酸，加水溶解，定容至100mL。使用当天配制此溶液。

(10) 提取剂：准确称取8.8065g抗坏血酸用少量超纯水溶于200mL烧杯后，加入34.55mL磷酸。混合均匀后转移至500mL容量瓶中，加超纯水至刻度，既得0.1mol/L抗坏血酸+1.0mol/L磷酸混合提取液。

第五节 实验步骤

一、样品预处理

(1) 土壤样品在室内风干，去除杂物，过1mm尼龙网筛；

(2) 将1~2g风干土壤样品置于60mm的玛瑙研钵中研磨至土样成均匀的粉末状，没有颗粒存在。

二、微波辅助提取

(1) 准确称取3份 (0.2000±0.0005)g土样分别放入微波消解的内罐中，样品尽量放入罐底中心部分，加入10mL提取剂，淹没土样，勿使样品挂在壁上。

(2) 将消解罐的内罐放入外罐中，盖上内罐盖，旋紧外罐盖使其密封，在内罐的上部孔中放入一片防爆膜，并插入通气管，对称置于微波炉转盘上。注意每次消解时，样品量最大的罐不加防爆膜，直接连于消解仪压力控制线的测压嘴，以监控压力状况。设定微波消解的功率为60W，消解时间为10min，开始消解。

(3) 消解后待样品冷却，转移至10mL离心管，在9000r/min的转速下离心15min。

三、标准曲线的测定

(一) As(Ⅲ) 标准曲线

(1) 准确移取0.0mL、0.2mL、0.4mL、0.6mL、0.8mL和1.0mL的1.0mg/L As(Ⅲ) 标准使用液于6个50mL棕色容量瓶中，加入1.5% (体积分数) 盐酸溶液定容至刻度，其中As(Ⅲ) 浓度分别为0.0μg/L、4.0μg/L、8.0μg/L、12.0μg/L、16.0μg/L和20.0μg/L。

(2) 容量瓶摇匀，30min后使用AFS-8230氢化物发生-原子荧光光度计上机测定。测定时按照表18-1中工作条件调好仪器，预热30min，打开载气和集气罩，压紧泵块，开始测定。

表18-1 原子荧光分光光度计测试条件参数

仪器参数	参数条件
HCl	As(Ⅲ)：1.5%； As(Total)：5%
KBH_4	As(Ⅲ)：1.5%； As(Total)：2%

续表 18-1

仪器参数	参数条件
载气流量/mL · min^{-1}	300
屏蔽气流量/mL · min^{-1}	800
原子化器温度/℃	170
负高压/V	300
灯电流/mA	80
原子化器高度/mm	10

(3) 使用1.5%盐酸（体积分数）为载流，以1.5%硼氢化钾+0.5%氢氧化钾（体积质量）为还原剂，首先测得载流和还原剂荧光值为空白值。

(4) 记录不同浓度的As(Ⅲ)的荧光值，绘制As(Ⅲ)标准曲线，将结果记录在表18-2中。

（二）As(Total) 标准曲线

(1) 准确移取0.0mL、0.2mL、0.4mL、0.6mL、0.8mL和1.0mL的1.0mg/L As(Ⅴ)标准使用液于6个50mL棕色容量瓶中，加入含有5mL 0.5%（体积质量）硫脲+0.5%（体积质量）抗坏血酸溶液，其中硫脲作为掩蔽剂，抗坏血酸作为还原剂将待测液中As完全还原成As(Ⅲ)，用5%HCl定容至刻度。其中As(Total)浓度分别为0.0μg/L、4.0μg/L、8.0μg/L、12.0μg/L、16.0μg/L和20.0μg/L。

(2) 容量瓶摇匀，30min后使用AFS-8230氢化物发生-原子荧光光度计上机测定。测定时按照表18-1工作条件调好仪器，预热30min，打开载气和集气罩，压紧泵块，开始测定。

(3) 使用5%盐酸（体积分数）为载流，以2%硼氢化钾+0.5%氢氧化钾（体积质量）为还原剂，首先测得载流和还原剂荧光值为空白值。

(4) 记录不同浓度的As(Total)的荧光值，绘制As(Total)标准曲线，将结果记录在表18-3中。

四、样品As形态测定

(1) As(Ⅲ)浓度的测定：准确移取5.0mL提取后的上清液至50mL棕色容量瓶，加入1.5%（体积分数）盐酸溶液定容至刻度。按照As(Ⅲ)标准曲线步骤测出样品中As(Ⅲ)荧光值，按照标准曲线计算得出样品中As(Ⅲ)浓度。

(2) As(Total)浓度的测定：准确移取5.0mL提取后的上清液至50mL棕色容量瓶，加入含有5mL 0.5%（体积质量）硫脲+0.5%（体积质量）抗坏血酸溶液将样品中As(Ⅴ)完全还原成As(Ⅲ)，加入5%（体积分数）盐酸溶液定容至刻度。按照As(Total)标准曲线步骤测出样品中As(Total)荧光值，按照标准曲线计算得出样品中As(Total)浓度。

(3) 通过差减法计算得出样品中As(Ⅴ)的浓度。

第六节 实验结果与数据处理

一、绘制标准曲线

表 18-2 As(Ⅲ)标准曲线的绘制

加入使用液体积/mL	0.0	0.2	0.4	0.6	0.8	1.0
标准溶液含As(Ⅲ)量/μg						
荧光值						

线性回归方程：________；相关系数：________

表 18-3 As(Total)标准曲线的绘制

加入使用液体积/mL	0.0	0.2	0.4	0.6	0.8	1.0
标准溶液含As(Ⅴ)量/μg						
荧光值						

线性回归方程：________；相关系数：________

样品中As(Ⅲ)含量：从As(Ⅲ)标准曲线上查得提取液稀释10倍后As(Ⅲ)浓度。根据测得As(Ⅲ)浓度按式（18-1）计算土壤中As(Ⅲ)含量（mg/kg）：

$$\mathrm{As(Ⅲ)} = \frac{10 \times C_{\mathrm{As(Ⅲ)}} V}{m} \tag{18-1}$$

式中 $C_{\mathrm{As(Ⅲ)}}$——测出的As(Ⅲ)浓度，μg/L；

V——样品稀释后的体积，mL；

10——稀释倍数；

m——土样质量，g。

二、样品中As(Total)含量

从As(Total)标准曲线上查得提取液稀释10倍后As(Total)浓度。根据测得 As(Total) 浓度按式（18-2）计算土壤中 As(Total) 含量（mg/kg）：

$$As(\mathrm{III}) = \frac{10 \times C_{As(Total)} V}{m} \tag{18-2}$$

式中　$C_{As(Total)}$——测出的 As(Ⅲ) 浓度，μg/L；

V——样品稀释后的体积，mL；

10——稀释倍数；

m——土样质量，g。

三、样品 As(Ⅴ) 含量

土壤中 As(Ⅴ) 含量（mg/kg）计算公式如下：

$$As(\mathrm{V}) = As(Total) - As(\mathrm{III}) \tag{18-3}$$

第七节　注 意 事 项

（1）三氧化二砷为剧毒药品，用时要注意安全。

（2）砷化氢为剧毒气体，故管道不能漏气，并要在排风设备下操作，湿度达到300℃时砷化氢便开始分解，其毒性相应减小。

（3）盐酸的纯度对空白值的影响很大，直接关系到测定结果的准确度，因此必须注意全过程空白值的扣除，并尽量减少加入量以降低空白值。

（4）微波辅助提取后消解罐内壁上残留溶液应尽量与提取后的样品混合均匀。

第八节　思考与讨论

（1）微波辅助提取的优缺点有哪些？

（2）原子荧光光度计测定砷的基本原理是什么？

（3）不同形态的砷各自生态毒理学特性是什么？

参 考 文 献

[1] Ackley K L B, Hymer C, Stutton K L, et al. Speciation of arsenic in fish tissue using microwave-assisted extraction followed by HPLC-ICP-MS [J]. J. Anal. At. Spectrom., 1999, 14 (5): 845~850.

[2] Yehl P M, Gurleyuk H, Tyson J F, et al. Microwave-assisted extraction of monomethyl arsonic acid from soil and sediment standard reference materials [J]. Analyst., 2001, 126 (9): 1511~1518.

[3] Mason B. Principles of geochemistry. [M]. 2nd (ed). New York: John Wiley and Sons, 1952.
[4] Philip B. Arsenic-free water still a pipedream [J]. Nature, 2005, 436: 313.
[5] Watt C, Le X C. Biogeochemistry of environmentally important trace elements [M]. Cao Y, Braids O C (Eds.). Washinton DC: American Chemical Society, 2003.
[6] Bothe J V, Brown P W. Arsenic immobilization by calcium arsenate formation [J]. Environmental Science and Technology, 1999, 33 (5): 3806~3811.

第十九章 正辛醇水分配系数的测定

第一节 实验背景

正辛醇是一种长链烷烃醇，在结构上与生物体内的碳水化合物和脂肪类似。因此可以用正辛醇-水分配系数（K_{ow}）来模拟研究生物-水体系。正辛醇-水分配系数是表征有机物生物活性的一个重要参数，直接反映有机物在水相和有机体间的迁移能力，是描述有机物疏水性和环境归趋的重要物理化学特征参数。正辛醇-水分配系数最初是应用于药品研究，根据物质的正辛醇-水分配系数对所研究设计的药品进行取舍。目前，正辛醇-水分配系数已广泛应用于农药、化工产品分离与提纯、环境保护等许多领域。如根据农药的正辛醇-水分配系数可以预测农药对害虫的杀伤力和对环境的影响；根据正辛醇-水分配系数与其他性质之间的关系来估算土壤-沉积物-水分配系数和生物富集因子以及水溶解度等多种物理化学性质。因此，对有机物分配系数的测定，可以提供该化合物在环境行为方面许多重要信息，特别是对于评价有机污染物在环境中的危害性起着决定性的作用。测定分配系数的方法有振荡法、产生柱法和高效液相色谱法、液-液流萃取法、动电色谱法等。其中经典的摇瓶法。其中振荡法、液-液流萃取法属于直接测定法，产生柱法和色谱法则属于间接测定法。直接测定法测定时，要求整个测定过程中的正辛醇相和水相始终处于相平衡状态，且实验过程中 pH 值和温度要求恒定，样品纯度要求高，但是计算过程不需要任何经验参数，结果准确，缺点是耗时较长。间接测定法对样品纯度没有要求，对 pH 值的要求不严格，速度快，但其测定精度直接依赖于相关的经验参数，如容量因子等，因此产生的误差较大，当待测物质与标准物质结构差异较大时，误差会更大。

摇瓶法测定有机化合物正辛醇-水分配系数，虽然耗时较长，但是操作步骤简单，仪器设备都是一些常用的仪器，因此摇瓶法可以广泛在平时的生产和科研中用于有机物分配系数的测定。摇瓶法适用于 $\lg K_{ow}$ 在 2~4 之间的化合物。

（1）摇瓶法要求在恒温、恒压和一定的 pH 值，且溶质在任何一相中的初始浓度不超过 0.01mol/L 的条件下进行。因为分配系数只适用于稀溶液，只有在低浓度时，活度近似于浓度。在一般常见的天然水体中，其中有机化合物的浓度都是很低的，可以认为 K_{ow} 不随浓度的变化而变化。

（2）用摇瓶法测定正辛醇-水分配系数时，一般要求至少要做两种不同正辛醇相初始浓度的实验，通常第一个浓度为第二个浓度的 10 倍。

（3）由于正辛醇中有机物的浓度难以测定，通常选择测定水中有机物的浓度，根据测定的水相中分配前后有机物的浓度差，确定样品在有机相分配后的浓度，求得分配系数。

色谱法是目前测定正辛醇-水分配系数方法中研究最多的。其特点是用色谱仪分析测量被测物质的容量因子，用化学键合代替物理吸附，增强了静止相的稳定。其中反相高效液相色谱是应用最多最广的一种。反相高效液相色谱法测定化合物的正辛醇-水分配系数适用于测定 $\lg K_{ow}$ 值为 0~6 范围内化学品的分配系数，特殊情况下也可以扩展至 $\lg K_{ow}$ 为 6~10 的化学品，不适用于强酸、强碱、金属配合物、与洗脱液发生反应的化合物和表面活性剂。反相高效液相色谱法的特点是测定速度快，重现性好，缺点是不能直接测得 K_{ow}，不适用于在水中发生电离的物质。

第二节 摇 瓶 法

一、实验目的

（1）了解测定有机化合物的正辛醇-水分配系数 K_{ow} 的意义和方法；

（2）掌握紫外分光光度法测定分配系数的操作技术；

（3）通过测定甲苯、对二甲苯和萘的 K_{ow}，深入了解其在评价有机物环境行为方面的重要性。

二、实验原理

在恒温、恒压和一定的 pH 值条件下，当溶质在任何一相中的浓度不超过 0.01mol/L 时，其在两种纯溶剂中的分配遵循能斯特（Nernst）定律。通过一定时间的连续振摇，使化学品在脂溶性有机溶剂（正辛醇）与水相中的分配达到平衡，测定平衡两相中化学品的浓度，可确定化学品的分配系数，见式（19-1）：

$$K_{ow} = C/C_{w} \tag{19-1}$$

式中 K_{ow}——正辛醇-水分配系数，常以 $\lg K_{ow}$ 来表示；

C——达到平衡时有机化合物在正辛醇相中浓度，μg/mL；

C_{w}——达到平衡时有机化合物在水相中浓度，μg/mL。

三、实验仪器与试剂药品

（一）实验仪器

紫外可见分光光度计（配石英比色皿），离心机，调速多用振荡器，快速混匀器，微量注射器（100μL），容量瓶（10mL，25mL），移液管（0.5mL、1mL、5mL），离心管（10mL），滴管。

（二）试剂药品

（1）甲苯储备液：量取 1.00mL 甲苯于 10mL 容量瓶中，用乙醇稀释至刻度，摇匀。

（2）甲苯使用液（400μL/L）：取甲苯储备液 0.10mL 于 25mL 容量瓶中，再用乙醇稀释至刻度摇匀。

（3）对二甲苯储备液：准确移取 1mL 对二甲苯于 10mL 容量品中，用乙醇稀释至刻度，摇匀。

（4）对二甲苯使用液（400μL/L）：准确移取对二甲苯储备液 0.1mL 置于 25mL 容量瓶中，再用乙醇稀释至刻度，摇匀即可。

（5）萘使用液（2000μg/mL）：称取 0.0200g 萘，用乙醇溶解后转入 10mL 容量瓶中并稀释到刻度，需在恒温振荡器（25±0.5）℃振荡至萘溶解。

四、实验步骤

（一）标准曲线的绘制

（1）取 5 只 25mL 容量瓶分别加入甲苯使用液 1.00mL、2.00mL、3.00mL、4.00mL 和 5.00mL，用水稀释至刻度，摇匀。在紫外分光光度计上于波长 262nm 处，以水为参比，测定吸光度，利用所测的标准系列的吸光度对浓度作图，绘制甲苯标准曲线，将结果记录在表 19-1 中。

（2）取 5 只 25mL 容量瓶分别加入对二甲苯使用液 1.00mL、2.00mL、3.00mL、4.00mL 和 5.00mL，用水稀释至刻度，摇匀。在紫外分光光度计上于波长 227nm 处，以水为参比，测定吸光度，利用所测的标准系列的吸光度对浓度作图，绘制对二甲苯标准曲线，将结果记录在表 19-2 中。

（3）用微量注射器吸取萘使用液 10μL、20μL、30μL、40μL、50μL 于 10mL 容量瓶中，加水稀释至刻度，摇匀。在紫外分光光度计上于波长 278nm 处，以水为参比，测定吸光度，利用所测的标准系列的吸光度对浓度作图，绘制萘的标准曲线，将结果记录在表 19-3 中。

（二）试验溶剂预处理

实验中必须使用分析纯的正辛醇和蒸馏水（或重蒸馏水，不能直接从离子交换器中得到的去离子水）。实验前，正辛醇于水需要经预饱和处理。即在实验温度下，采用两个大储液瓶，分别装入正辛醇与足量的水，水与足量的正辛醇，置于恒温振荡器中振摇 24h 后，静置足够长的时间使两相完全分离，以分别得到水饱和的正辛醇、正辛醇饱和水。平衡时，水饱和的正辛醇含有 2.3mol/L 的水，正辛醇饱和水中含有 4.5×10^{-3}mol/L 的正辛醇，备用。

（三）分配系数的测定

1. 甲苯分配系数的测定

（1）移取 0.40mL 甲苯于 10mL 容量瓶中，用处理过的被水饱和的正辛醇稀释至刻度，该溶液浓度即为正辛醇相中初始浓度。分别移取 1.00mL 上述溶液于 3 个具塞比色管中，用上述处理过的被正辛醇饱和的二次水稀释至刻度。盖紧塞子，置于恒温振荡器上，振荡 3.0h，离心分离。

（2）离心分离后，用滴管小心吸去有机相；再离心，吸去残留有机相。取水样时，为避免正辛醇的污染，可利用带针头的玻璃注射器移取水样。首先在玻璃注射器内吸入部分空气，当注射器通过正辛醇相时，轻轻排出空气，在水相中已吸取足够的溶液时，迅速抽出注射器，卸下针头后，即可获得无正辛醇污染的水相。并作空白样振荡后的样品。

（3）在 262nm 下样品水相中甲苯的吸光度，由标准曲线查出其浓度，计算其 K_{ow} 并记录在表 19-4 中。

2. 对二甲苯分配系数的测定

（1）移取 0.40mL 对二甲苯于 10mL 容量瓶中，用处理过的被水饱和的正辛醇稀释至刻度，该溶液浓度即为正辛醇相中初始浓度。分别移取 1.00mL 上述溶液于 3 个具塞比色管中，用上述处理过的被正辛醇饱和的二次水稀释至刻度。盖紧塞子，置于恒温振荡器上，振荡 3.0h，离心分离。

（2）离心分离后，用滴管小心吸去有机相；再离心，吸去残留有机相。并作空白样振荡后的样品。

（3）在 227nm 下样品水相中对二甲苯的吸光度，由标准曲线查出其浓度，计算其 K_{ow} 并记录在表 19-4 中。

3. 萘分配系数的测定

（1）称取 0.055g 萘于 10mL 容量瓶中，用处理过的被水饱和的正辛醇稀释至刻度，该溶液浓度即为正辛醇相中初始浓度。分别移取 1.00mL 上述溶液于 3 个具塞比色管中，用上述处理过的被正辛醇饱和的二次水稀释至刻度。盖紧塞子，置于恒温振荡器上，振荡 3.0h，离心分离。

（2）离心分离后，用滴管小心吸去有机相；再离心，吸去残留有机相。并作空白样振荡后的样品。

(3) 在278nm下样品水相中萘的吸光度，由标准曲线查出其浓度，计算其K_{ow}并记录在表19-4中。

五、数据记录与处理

(一) 数据记录

表19-1　甲苯标准曲线的绘制

加入使用液体积/mL	1.00	2.00	3.00	4.00	5.00
甲苯含量/$\mu g \cdot mL^{-1}$					
吸光度					

线性回归方程：________；相关系数：________

表19-2　对二甲苯标准曲线的绘制

加入使用液体积/mL	1.00	2.00	3.00	4.00	5.00
对二甲苯含量/$\mu g \cdot mL^{-1}$					
吸光度					

线性回归方程：________；相关系数：________

表19-3　萘标准曲线的绘制

加入使用液体积/mL	1.00	2.00	3.00	4.00	5.00
萘含量/$\mu g \cdot mL^{-1}$					
吸光度					

线性回归方程：________；相关系数：________

(二) K_{ow}的测定

表19-4　K_{ow}的测定与计算结果

项　目	甲苯			对二甲苯			萘		
	1	2	3	1	2	3	1	2	3
$A_{空白}$									
A_0（初始吸光度）									
$C_0/\mu g \cdot mL^{-1}$									

续表 19-4

项　目	甲苯			对二甲苯			萘		
	1	2	3	1	2	3	1	2	3
A_w（平衡水相吸光度）									
$C_w/\mu g \cdot mL^{-1}$									
V_0/mL									
V_w/mL									
K_{ow}									
K_{ow} 平均									

其中 K_{ow} 计算公式见式（19-2）：

$$K_{ow} = \frac{C_0 V_0 - C_w V_w}{C_w V_0} \tag{19-2}$$

式中　C_0——有机化合物在正辛醇相中的初始浓度，μg/mL；

C_w——达到平衡时有机化合物在水相中浓度，μg/mL；

V_0——正辛醇相的体积，mL；

V_w——水相体积，mL。

六、注意事项

（1）从水相取样时应当注意，由于上层是正辛醇相，正辛醇相的浓度是远远高于水相的，所以取样要严格按照步骤进行。同时为了避免正辛醇污染的水相，可以用胶头滴管洗去尽可能多的上层正辛醇相，只剩薄薄一层正辛醇相，这时可以更好地从水相中取出样品。

（2）正辛醇的气味比较大，因此实验时动作要迅速，防止太多的气味溢出。

（3）测定水相吸光度时，用长滴管将水相吸出，不要将辛醇吸出。

（4）摇瓶法测定分配系数速度较快，但存在有机物易形成交替颗粒、挥发、吸附等缺点。

（5）摇瓶法仅限于 $\lg K_{ow}<5$ 的化合物，对于疏水性强的化合物通常用产生柱法。

七、思考与讨论

（1）如果以环乙烷代替正辛醇，试比较对二甲苯的环己烷-水分配系数的大小。

（2）K_{ow}与化合物在正辛醇中的溶解度和在水中的溶解度之比不同，这是为什么？

（3）为何要在小于 0.01mol/L（正辛醇）浓度下进行 K_{ow} 的测定？

第三节　反相高效液相色谱法

一、实验目的

（1）掌握高效液相色谱的使用原理和操作方法；

（2）掌握反相高效液相色谱法测定化合物正辛醇-水分配系数的原理和方法。

二、实验原理

反相高效液相色谱是在分析柱上进行分离的过程。受试物进入色谱柱后，随着流动相在溶剂流动相和烃类固定相之间进行分配。化合物在柱中的保留值与其烃-水分配系数成比例，亲水性化合物先洗脱，亲脂性化合物后洗脱。保留时间以容量因子 k 表示，见式（19-3）：

$$k = \frac{t_R - t_0}{t_0} \tag{19-3}$$

式中　t_R——受试物的保留时间，min；

t_0——死时间，即溶剂分子通过柱子的平均时间，min。

本方法无需定量的分析方法，只需测定保留时间值。

受试物的正辛醇-水分配系数可以通过试验测定其容量因子 k，代入式（19-4）计算得出：

$$\lg K_{ow} = a + b \times \lg k \tag{19-4}$$

式中　K_{ow}——正辛醇-水分配系数；

a，b——线性回归系数。

在特定的色谱条件下，a 和 b 是常数，若已知一组参比物的 $\lg K_{ow}$，分别在一定的色谱条件下测得它们的保留时间，计算出容量因子，将参比物的 $\lg K_{ow}$ 对其 $\lg k$ 做线性回归分析，得其回归方程，即可得到 a 和 b 值。在同一色谱条件下，测定未知样品的保留时间，计算其容量因子，即可通过回归方程计算得到其 $\lg K_{ow}$ 值。

反相高效液相色测定化合物的 $\lg K_{ow}$ 需要一系列正辛醇-水分配系数已知的标准物质来得到标准曲线，但操作简单，能快速测定，且对待测物质的纯度、pH 值范围没有严格要求。

对于离子型化合物可以测定其在非粒子形态（游离酸或游离碱）下的分配系数，此时试验介质为适当的缓冲液。对于游离酸，缓冲液的 pH 值低于 pK_a；对于缓冲碱，缓冲液 pH 值高于 pK_a。另外 pH-metric 法也可用于测定离子型化合物的分配系数。如果 $\lg K_{ow}$ 用于环境危害分级或环境风险评估，则试验应在相应的环境 pH 值范围内，即 pH 值为 5.0~9.0 条件下进行。

受试物中杂质的存在影响色谱峰的准确归属，因此干扰结果分析。对于色谱峰不能完全分离的混合物，应记录 $\lg K_{ow}$ 的上下限和每个 $\lg K_{ow}$ 所对应色谱峰的面积百分比。对于同系物的混合物，$\lg K_{ow}$ 值的加权平均值也应给予说明。以单一 K_{ow} 和相应的面积占比计算，所有占总面积不小于 5%色谱峰，均应纳入计算。如式（19-5）所示：

$$X = \frac{\sum_i (\lg K_{owi})(A_i\%)}{A} = \frac{\sum (\lg K_{owi})(A_i\%)}{\sum_i A\%} \tag{19-5}$$

式中 X——$\lg K_{ow}$ 的加权平均值；

$\lg K_{owi}$——i 组分的 $\lg K_{ow}$；

A_i——i 组分的面积；

A——面积总和。

本实验采用反相高效液相色谱测定一系列酚类化合物的正辛醇-水分配系数。

三、实验仪器与试剂药品

（一）实验仪器

高效液相色谱仪（带紫外检测器及色谱工作站），反相色谱柱（分析柱填充的固定相为可商品化的键合了长烃链的硅胶柱，如 C8、C18），保护柱，进样器。

（二）试剂药品

（1）甲醇（HPLC）：甲醇和无离子水用于配制流动相，流动相在使用前脱气。测定在等度洗脱条件下进行。

（2）硫脲（分析纯）。

（3）参比标准样品。

根据国家标准推荐和文献已报道其分配系数的参比有机物见表 19-5。

表 19-5 推荐的参比物

序号	参照物质（中文名）	参照物质（英文名）	CAS 号	$\lg K_{ow}$
1	苯甲醇	Benzyl alcohol	100-51-6	1.1
2	苯酚	Phenol	108-95-2	1.5
3	硝基苯	Nitrobenzene	98-95-3	1.9
4	甲苯	Toluene	168-88-3	2.7
5	苯甲酸苯酯	Phenyl benzoate	93-99-2	3.6
6	1，2，4-三氯苯	1，2，4-Trichlorobenzene	120-82-1	4.2

(4) 待测酚类样品（2-氯苯酚，3-硝基苯酚，对硝基苯酚，对氯苯酚）。

四、实验步骤

(1) 流动相配制：

1）按体积比配制 85%甲醇-15%磷酸溶液（pH = 4.16），用微孔滤膜过滤后，超声 30min 除去溶液中的气体。

2）将一定量硫脲溶液在少量流动相中，用于测定死时间 t_0。

3）称取一定量的参比物质，共同溶解在少量流动相中。

4）将一定量的待测物质分别溶解在少量流动相溶液中，制得各个待测物质的溶液。

(2) 打开高相液相色谱仪，设置仪器参数：检测波长为 210nm，流速为 1mL/min；柱温为 25℃。排气跑基线。

(3) 死时间的测定：

待基线稳定后，将一定量制备好的硫脲溶液注入进样口，硫脲为无保留特性的有机物，故硫脲的保留时间即为死时间 t_0，测定 3 次取平均值，将测定结果及计算结果填写在表 19-6 中。

(4) 参比物质保留时间的测定：

将一定量配制好的参比物质溶液注入进样口，记录每种参比物的保留时间 t_R，将 6 种标准物质保留时间的测定结果填写在表 19-7 中，利用式（19-3）计算各自的容量因子 k，将参比物的 $\lg K_{ow}$ 对其 $\lg k$ 做线性回归分析，得其回归方程，将结果填写在表 19-7 中。

(5) 待测物质保留时间的测定：

将一定量配置好的待测酚类分别注入进样口，记录各自的保留时间 t_R，将各待测物质保留时间的测定值及计算出的 K_{ow} 记录在表 19-8 中。

(6) 所有样品测定结束后，用 100%甲醇流动相冲洗色谱柱 30min 后，关闭色谱仪。

五、数据记录与处理

（一）死时间记录

表 19-6　死时间的测定

序号	1	2	3	平均值
t_0/min				

（二）标准曲线的绘制

表 19-7 标准物质保留时间的测定及标准曲线的绘制

参比物质	苯甲醇	苯酚	硝基苯	甲苯	苯甲酸苯酯	1，2，4-三氯苯
$\lg K_{ow}$	1.1	1.5	1.9	2.7	3.6	4.2
t_R/min						
k						
$\lg k$						

标准曲线：________；相关系数：________

（三）待测物质测定结果

表 19-8 待测物质的保留时间的测定及 K_{ow} 的计算结果

待测物质	2-氯苯酚	3-硝基苯酚	对硝基苯酚	对氯苯酚
t_R/min				
k				
$\lg k$				
$\lg K_{ow}$ 计算值				

六、注意事项

（1）取代酚类化合物在水中可以部分电离，因此体系的温度和酸碱度可能会对其水溶性和正辛醇-水分配系数产生一定的影响。

（2）可根据高效液相色谱仪的具体情况，参照本标准选择出最佳色谱条件。也可根据说明书自行选定能满足分析要求的色谱条件。

七、思考与讨论

（1）为什么色谱法测定正辛醇-水系数对样品纯度没有严格要求？

（2）在配制参比物时，是否需要严格控制浓度？

（3）化合物的正辛醇-水分配系数对其环境化学行为有何影响？

参 考 文 献

[1] GB/T 21853—2008 化学品分配系数（正辛醇-水）摇瓶法试验［S］.

[2] GB/T 21852—2008 化学品分配系数（正辛醇-水）高效液相色谱法试验［S］.

[3] 刘沐生．对二甲苯正辛醇-水分配系数的测定［J］. 光谱实验室，2012，29（6）：3532~

3535.
[4] 何艺兵，赵元慧，王连生，等．有机化合物正辛醇/水分配系数的测定 [J]．环境化学，1994，3：195~197.
[5] 陈红萍，刘永新，梁英华．正辛醇/水分配系数的测定及估算方法 [J]．安全与环境学报，2004，4：83~86.
[6] 宋斌，张宏哲．反相高效液相色谱法测定酚类化合物的正辛醇/水分配系数 [J]．山东化工，2011，40（3）：67~71.
[7] 余刚，徐晓白．利用反相高效液相色谱法测定硝基多环芳烃的正辛醇-水分配系数和水溶解度 [J]．中国科学院研究生院学报，1994（2）：178~181.